과학자의 책장

테마와 이슈로 읽는 과학책

과학자의 책장

이정모
이은희
이강영
이명현

북바이북

2013년 여름 서호주를 탐험한 적이 있습니다. 과학탐험가로 유명한 문경수 대장을 따라서 서대문자연사박물관의 백두성 학예사, 아동 과학서를 쓰는 이지유 선생님 등과 함께 서호주 남쪽 끝에서 북쪽 끝까지 무려 2,506킬로미터를 여행했습니다. 그때 우리에게는 지도가 필요 없었습니다. 오로지 북쪽으로만 가면 됐습니다. 해와 별만 보고도 방향을 알 수 있었습니다. 수백 킬로미터마다 있는 주유소가 이정표 역할을 했습니다. 도로가 많지 않으니 길을 잃을 염려가 없었던 것이죠. 가끔 나오는 도시에서는 식사를 하기도 편했습니다. 식당이 하나뿐이니 고르고 말고 할 일이 없었던 것입니다. 그런데 여행을 마치고 귀국하기 위해 공항이 있는 퍼스라는 작은 도시에서 하루를 머무는 동안에는 지도가 있어야 했습니다. 길과 건물이 많으니 오히려 목적지로 가는 길을 쉽게 찾지 못했고 식당이 많으니 뭘 먹어야 할지 주저하느라 시간이 더 걸렸습니다. 원래 메뉴가 많은 식당에서 고르기가 힘든 법이죠.

15년 전의 일입니다. 지금은 전북교육청 장학사로 일하고 계시는 방극남 선생님께서 여름방학 때 부안군 중학생을 대상으로 글쓰기 캠프를 열었습니다. 저는 '과학 글쓰기'라는 꼭지를 맡아서 강연을 했지요. 강연의 요지는 잘 쓰기 위해서는 많이 읽어야 한다는 것이 었습니다. 강연 후 질의응답 시간에 한 학생이 물었습니다. "선생님 은 중학교 때 어떤 과학책을 읽었어요?" 당혹스러운 질문이었습니 다. 왜냐하면 저는 중학교 때 단 한 권의 과학책도 읽지 않았기 때문 이죠. 제가 과학을 싫어했기 때문이 아닙니다. 그때는 제 주변에 과 학책이 단 한 권도 없었던 것 같습니다. 과학책이라고는 교과서뿐이 었죠. 설마 과학책이 전혀 없기야 했겠습니까만 어쨌든 저는 과학책 을 접하지 못했습니다.

아무리 길눈이 좋은 사람이라도 낯선 도시에서 헤매지 않고 목적 지로 가기 위해서는 지도가 필요합니다. 하지만 아무리 복잡한 도시 라고 하더라도 원래 거기에 사는 사람들에게는 지도가 필요 없습니 다. 서서히 적응해왔기 때문이죠. 책의 지도도 마찬가지입니다. 원래 문학의 세계에 살던 분들은 새로운 작가가 등장해도 그 작가를 쉽게 자리매김할 수 있을 겁니다. 어디에 꽂아야 하는지 보이니까요.

과학책의 세계는 어떨까요? 과학책이 몇 가지 없을 때부터 즐겨 읽었던 사람들은 새로운 과학책이 나오면 새 책을 이전 책들과 어떤 방식으로 씨줄과 날줄을 엮어야 할지 보입니다. 하지만 아무리 사 회과학이나 인문학에 도통한 사람이라고 하더라도 자연과학이라는 낯선 세계에 들어오면 복잡해 보이지요. 길을 잃습니다.

요즘 출판계는 과학책이 대세라고 합니다. 많은 출판사들이 너도 나도 과학책을 내고 있지요. 실제로 과학책 판매량이 크게 늘었다고 합니다. 그런데 각 권의 판매량은 예전에 비해서 별로 늘지 않았습니다. 아니, 제가 쓴 책만 놓고 보면 오히려 훨씬 줄었습니다. 제가 그 사이에 제법 유명해졌는데도 말입니다. 과학책 독자가 늘었지만 과학책 종수가 워낙 많이 늘어서 각 권당 판매량이 준 까닭이지요. 각 권의 판매량이 줄어든 것은 유감이지만 종수가 늘어난 것은 정말 반가운 일입니다. 그만큼 주제와 깊이가 다양해졌다는 뜻이니까요. 딱 그만큼 또 다른 문제가 생겨났습니다. 도대체 무엇을 읽어야 할지 잘 모르게 된 것입니다. 제가 중학교 때는 읽을 책이 없어서 뭘 읽어야 할지 몰랐다면, 요즘은 읽을 책이 너무 많아서 뭘 읽어야 할지 모르게 된 것이죠.

카이스트의 뇌과학자 정재승 선생님은 어느 과학책 서평집의 추천사에 이렇게 썼습니다. "과학에 입문하려는 분들이 과학책을 고를 때 가장 필요한 건 '책들의 지도'일 게다. 과학서적 분야에는 어떤 키워드들이 있는지, 무슨 책으로 시작할지, 그리고 한 권을 읽고 나면 다음에는 어떤 책이 적절한지, 그것이 알고 싶다. 지식의 숲에서 길을 잃지 않으려면, 먼저 이 길을 지나간 사람들의 발자국이 가장 큰 도움이 된다."

그렇습니다. 우리에게 필요한 것은 지도입니다. 과학책으로 엮은 지도 말입니다. 4년 전 지도를 한번 만들어봤습니다. 이명현, 이한음, 조진호와 이정모가 함께 엮은 『판타스틱 과학책장』(북바이북, 2015년)이 바로 그것입니다. 과학책을 쓰고 번역하느라 과학

책을 많이 읽었던 네 명의 저자들이 의기투합하여 과학책과 친해지고 싶은 사람들을 위한 가이드를 만든 것이지요. 책을 내기에 앞서 출판 편집자들이 주로 보는 출판전문 잡지인 〈기획회의〉에 2013~2014년에 걸쳐 연재한 내용입니다.

원래 생각했던 첫 번째 독자군은 출판사 편집자였습니다. 출판사 편집자들은 독서력이 가장 뛰어난 분들입니다. 짧은 시간 안에 주제에 대해 이해하고 새로운 출판 기획을 위한 키워드를 뽑아내는 데 도움이 되는 책을 쓰고 싶었습니다. 그래서 특정 주제에 대한 다양한 책을 한꺼번에 소개하는 방식을 택했지요. 이번에도 네 명이 모여서 『과학자의 책장』을 만들었습니다. 천문학자 이명현, 물리학자 이강영, 생물학을 전공한 이은희와 생화학을 전공한 이정모가 바로 그들입니다. 이번에는 한 꼭지에 책 한 권을 중점적으로 다뤘습니다. 전작과 마찬가지로 2017~2018년 2년 동안 〈기획회의〉에 연재한 내용입니다.

『과학자의 책장』은 네 단으로 구성되어 있습니다. 첫 번째 단의 주인은 이정모입니다. 그가 요즘 모범으로 삼는 작가는 대학이 폐교되어 직장이 사라진 식물생리학자 김성호 교수입니다. 식물생리학자지만 그는 세상 사람들과 새를 사이에 두고 만납니다. 과학책은 어떤 자세로 써야 하는지, 우리가 발굴해야 하는 작가는 어떤 사람인지 보여주려고 합니다. 그 연장선에서 극지연구소의 과학자들도 소개합니다. 신재생에너지의 문제, 동물원 윤리도 건드리죠. 기독교인 과학자인 그는 '창조과학' 도서마저 구체적으로 소개합니다. 창조과학에 동의해서가 아닙니다. 그들의 세계를 조금이라도 이해하기 위해서입니다.

첫 번째 단과 달리 두 번째 단부터는 단정한 느낌을 받을 수 있을 겁니다. 두 번째 책장의 주인장은 여성 사이언스커뮤니케이터 이은희입니다. 『하리하라의 생물학 카페』로 아마 우리나라에서는 정재승 박사 다음으로 많은 판매부수를 올린 과학저술가일 것입니다. 그는 사람의 몸 특히 여성의 몸에 천착합니다. 요즘 쓰는 책도 그렇지만 서평도 마찬가지입니다. 몸과 관련된 문제에서 우리는 자주 속습니다. 어떤 성분이 들어 있다고 하면 난리가 납니다. 하지만 과학에서 가장 중요한 것은 숫자입니다. 뭐가 들어 있느냐가 아니라, 얼마나 들어 있느냐가 중요한 것이죠. 그런데 우리는 때로는 숫자에 속기도 합니다. 통계는 그만큼 어렵고 중요합니다. 이은희는 마지막 글에서 숫자를 제대로 읽는 법에 관한 책을 소개합니다.

세 번째 단은 물리학의 책장입니다. 저자 가운데 유일한 현역 과학자인 경상대학교의 이강영 교수가 주인입니다. 그는 오로지 물리학만 다룹니다. 그것도 현대 물리에 국한되어 있죠. 기본적으로 어려운 내용의 책을 소개합니다. 하지만 세 번째 단을 피하실 필요는 없습니다. 어려운 책의 내용을 이해할 수 있는 길을 안내하라고 그를 불러낸 것이니까요. 적어도 현대 물리학의 핵심 키워드가 무엇이고 그것이 무엇을 말하는 것인지는 알 수 있을 겁니다. 세 번째 단을 읽어낸 독자라면 자신이 과학 독서력의 최고수 급이라고 보면 됩니다.

네 번째 단은 화려합니다. 시 쓰는 천문학자 이명현의 책장입니다. 처음 두 개의 글에서 그는 과학자로서 문학책을 읽어줍니다. 놓치기 아까운 글입니다. 별은 공룡과 함께 어린이를 과학의 세계로 인도하는 관문입니다. 어른은 공룡에 매력을 느끼기 어렵지만 별은 성인이 되어도 여전히 매력적이죠. 마지막 단에 있는 천문학 관련 책 소개를 읽고도 과학책에 대한 흥미가 생기지 않는다면, 과학책과는 인연이 없는 것입니다. 그러니까 더 이상 과학에 미련을 갖지 말고 깨끗이 포기하시고 새로운 길을 모색하는 게 건강에 좋을 겁니다.

이 책은 과학책의 세계로 인도하는 지도에 불과합니다. 지도를 갖췄으면 여행을 떠나야지요. 과학책 세계로 여행을 떠나는 방법은 간단합니다. 지도에 나온 책을 사서 자신의 서가에 꽂아두는 것입니다. 지도에 있는 모든 도시를 다니는 탐험가는 없습니다. 하지만 지도에 나오는 도시에 대해 알아야 목적지에 도달하지요. 서가에 꽂은 모든 책을 반드시 읽을 필요는 없습니다. 하지만 꽂혀는 있어야 길을 잃지 않습니다. 언젠가는 읽게 되겠지요. 지도는 바뀝니다. 하지만 있던 도시가 사라지지는 않습니다. 새로운 도시가 생길 뿐이죠. 독자 여러분이 각자의 지도를 그리게 되기를 바랍니다.

2019년 4월 1일 만우절에

저자 대표 이정모 씀

차례

1단_ 걸어 다니는 과학 자판기, 이정모의 책장

2단_ 섬세한 시선을 지닌 과학 커뮤니케이터, 이은희의 책장

3단_ 물리학에 매혹된 과학자, 이강영의 책장

4단_ 문학 읽어주는 천문학자, 이명현의 책장

1단

걸어 다니는 과학 자판기,
이정모의 책장

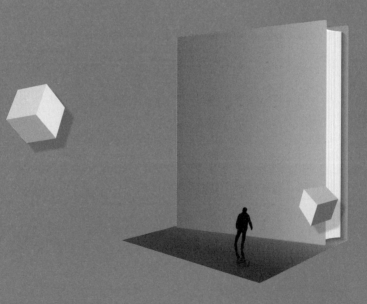

새의 삶으로 걸어 들어간
생명과학자

2007년 어느 봄날, 지리산을 찾은 한 남자 앞에 새끼를 키울 둥지를 짓느라 여념이 없던 큰오색딱따구리 한 쌍이 나타났다. 사람이 나타나면 긴장하고 감추기에 여념이 없는 다른 새들과는 달리 큰오색딱따구리는 남자에게 모든 것을, 새끼를 키워내는 모든 과정을 보여주고 싶었다. 남자는 어떻게 해야 할까? 그는 안타깝게도 조류학자가 아니었다. 식물생리학을 전공하여 박사학위를 받은 후 신설대학의 생명과학과 교수로 일하고 있었다. 해서 현대 조류학자들과는 다른 선택, 즉 고전적이면서도 무식한 방법을 택했다. 바로 하루 종일 관찰하는 것이다. 가장 좋은 방법이기는 하지만 이 방법을 고수하는 조류학자는 전 세계에 극소수만 남아 있을 뿐이다. 그는 이 짓을 하루 이틀이 아니라, 한두 주가 아니라 무려 50일을 계속했다. 야외에서, 새벽부터 저녁까지 오로지 새에서 눈을 떼지 않고 관찰하는 일을 말이다. 그렇게 해서 세상에 나온 책이 김성호의『큰오색딱따구리의 육아일기』(웅진지식하우스, 2008)다.

⚛
잠시도
눈을 떼지 않고

말 그대로 육아일기다. 육아의 출발점은 짝짓기. 모든 수컷이 그러하지만 큰오색딱따구리 역시 짝짓기를 위해 많은 자원을 투자해야 한다. 비를 피할 곳을 마련해야 한다. 큰오색딱따구리가 둥지를 완성하고, 알을 낳아 품고, 천적의 침입에 대처하면서 먹이를 날라 새끼를 키워내는 과정 전체가 180여 컷의 생생한 사진과 함께 들어 있다. 그가 보여주고 싶은 것은 어떤 숫자가 아니다. 독자는 책을 통해 치열한 생존 과정 속에 나타난 생명의 경이로움을 경험하게 된다.

해가 바뀌었다. 김성호 교수는 저번에는 새가 사람에게 찾아왔으니 이번에는 사람이 새를 찾아가야 할 차례라고 생각했다. 그가 택한 새는 동고비. 맙소사, 동고비라니! 우리나라 어느 숲에 가도 볼수 있는 흔하디흔한 새가 바로 동고비다. 몸집은 참새만큼 작은 데다가 동작은 얼마나 재빠른지 모른다. 대부분의 사람들이 두 눈으로 보고도 참새를 본 줄 착각하는 게 바로 동고비다. 하지만 그때까지 동고비에 대해 알려진 것이라고는 동고비는 딱따구리가 버린 옛 둥지를 이용해 번식한다는 게 전부였다. 더 큰 문제가 있었다. 번식에 있어서 가장 중요한 것이 암컷과 수컷의 역할인데 가만히 코앞에 앉아 있어도 겉모습만 가지고는 암수를 구분하기 어렵다는 것이다.

김성호 교수는 똑같이 무식하고도 고전적인 방법을 택했다. 우선 학교에서 가까운 지리산 자락의 한적한 산책로에서 발견한 12개의 딱따구리 옛 둥지를 살폈다. 그리고 학교에 휴직계를 냈다. 동고비의 번식 일정을 잠시도 놓치고 싶지 않았기 때문이다. 큰오색딱따구리를 관찰할 때 학생들에게 충실하지 못했던 것에 대한 미안한 마음도 들었다고 한다.

"3월의 첫날, 드디어 동고비가 7번째 나무에 모습을 드러내 주었습니다. 가장 먼저 동고비 사이에서 둥지 다툼이 일어났고, 둥지의 주인이 결정된 다음에는 청소부터 깔끔하게 마친 뒤 본격적으로 둥지에 대한 리모델링이 시작되었습니다. 둥지가 완성된 뒤에는 알을 낳아 품고, 알에서 깨어난 어린 새에게 먹이를 물어 나르는 부모 새의 길고도 모진 여정이 이어졌습니다. 90일이 되던 날, 그 좁고 답답했을 둥지에서 건강하고 깔끔하게 자란 동고비 8남매가 꼬리를 잇듯 하나씩 둥지를 떠나는 것으로 동고비의 가슴 뻐근한 번식 일정은 끝이 났습니다." 그를 알고 있는 사람들은 동고비에 대한 관찰이 책으로 나와서 자신도 그 경험을 대신하게 될 것이라고 기대했다. 역시나 책이 나왔다. 앞선 인용문은 『동고비와 함께한 80일』(지성사,

2010) 서문의 한 부분이다. 사람들은 제목만 보고서 놀랐다. 맙소사! 이번에는 80일이었다.

"오늘은 모진 바람에 먹이를 나르는 것이 조금 저조했는데 폭우가 쏟아지면서부터는 어쩔 수 없이 암컷과 수컷의 움직임이 멈춥니다. 수컷은 둥지를 떠난 뒤 오지 못하고 있으며 암컷은 둥지에 그대로 머물고 있습니다. 폭우 속에서 암컷이 자주 고개를 내밀고 측은한 표정으로 밖을 내다봅니다. 수컷이 어디서 이 비를 피하고 있는지 걱정스러운 모양입니다." 207쪽을 보자. 이날은 5월의 넷째 날. 비가 와서 꼼짝 못 하는 암컷의 모습을 김성호는 비를 맞으며 카메라에 담았다. 암컷이 고개를 내밀고 쳐다본 대상은 어쩌면 김성호 교수였을지도 모른다. 동고비를 만난 지 66일째 되는 5월 5일에는 이런 기록이 있다. "오늘 암수가 나른 먹이는 모두 223번이었고, 배설물은 54번을 물고 나와 둥지 밖으로 버렸습니다. 어린 새의 숫자는 8마리, 어린 새 하나가 하루에 배설하는 숫자는 서로 같다고 가정할 때 2번의 오차가 생기는데, 하루에 배설하는 숫자가 똑같지 않은 것인지 아니면 내가 세다 빠뜨린 것인지는 잘 모르겠습니다."(215쪽)

아, 여섯 마리는 일곱 번 배설하고, 두 마리는 여섯 번 배설했다고 편하게 생각할 수가 없는 분이구나…. 이런 걱정은 아무나 할 수 있는 게 아니다. 잠시도 눈을 떼지 않고 둥지를 관찰한 사람들만 자신 있게 할 수 있는 걱정이다. 5월 17일, 둥지에 새 생명이 태어난 지

20일째 되는 날, 그리고 김성호 교수가 동고비를 만난 지 78일째 되는 날 밤 10시. 엄마 새는 둥지에 없었다. 이제 새끼들이 둥지를 떠날 때가 된 것이다. 그는 이날 이렇게 기록했다. "알을 낳기 시작한 이후로 40일이 넘도록 둥지의 밤을 지켜준 엄마 새가 오늘은 오지 않습니다. 이 밤을 꼬박 지새운다 해도 내일 동이 틀 시간이 되기 전까지는 오지 않을 것 같습니다. 어쩌면 내일 밤도 엄마 새는 둥지의 밤을 지켜주지 않을 것입니다. 이제는 떠나야만 합니다. 때가 찼기 때문입니다. 엄마 새는 잘 알고 있습니다. 둥지에서 춥고 어두운 밤을 홀로 맞으며 견뎌낼 수 있어야 둥지를 박차고 떠날 용기도 가질 수 있다는 것을 말입니다."(252쪽)

김성호는 동고비 새끼들이 모두 둥지를 떠난 다음 날에도 그리고 1년 후에도 둥지를 찾았다. 80일을 잠시도 한눈팔지 않고 관찰하고 그것도 모자라 다음 해에 번식 과정을 한 번 더 관찰하고 책을 썼다. 많은 사람들이 단언했다. "『동고비와 함께한 80일』 같은 자연 관찰기는 이제 영원히 나오지 못한다. 김성호 교수도 못 할 일이다"라고 말이다.

자연의 소리가 인간의 언어로

그런데 웬걸, 동고비 이야기를 담은 첫 번째 책을 그는 강원도 한 숲에서 받아보았다. 이미 강원도 화천의 은사시나무 숲에서 살고 있는 까막딱따구리와 이웃의 생명체를 관찰하고 있었던 것. 우리나라에 사는 딱따구리 가운데 가장 크고 화려하지만 개체 수가 줄어들어 천연기념물 242호로 지정된 까막딱따구리가 사람이 일군 은사시나무 숲에 찾아와 번식하고 어린 새를 키우며 마침내 둥지에서 떠나보내는 과정을 모두 시간별로 촘촘하게 글과 사진으로 담고 있었다. 이번에는 관찰이 2년 동안 이어졌다. 첫해에는 두 달, 둘째 해에는 넉 달을 아예 집을 떠나 있었다. 새로운 관찰 이야기는 『까막딱따구리 숲』(지성사, 2011)에 담겨 나왔다. 137쪽과 195쪽을 보자. "05:00 여름 철새가 숲에 들어왔습니다. 어두움에 가려 제대로 보이지는 않지만 분명 호랑지빠귀 소리입니다." 22:00 (…) 지난 2주 동안 하루 4번의 교대를 철저하게 지키던 까막딱따구리의 둥지에서 오늘은 6번의 교대가 있었습니다. 작년에는 부화 첫날에 8번의 교대가 있었지만 올해는 6번의 교대로 부화의 첫날을 맞습니다."

그의 사진은 매우 놀랍다. 하지만 사진이 목적은 아니다. 둥지에서 벌어지는 일을 챙겨보는 게 목적이므로 간섭을 최대한 줄이기 위해 가능한 한 정면을 피하여 측면에서 관찰했다. 사진도 오직 자연이 허락하는 빛에만 기대어 찍었다. 또 충분한 거리를 두었기 때문에 필요한 부분만 잘라내야 했음에도 불구하고 아름답고 선명하다. 반면에 항상 경어체로 쓰는 그의 글은 반듯하면서도 따뜻하다. 『나의 생명 수업』(웅진지식하우스, 2011)은 자연의 벗들이 김성호에게 자연의 소리로 들려준 이야기를 다시 인간의 언어로 우리에게 들려주는 글을 모은 책이다.

『우리 새의 봄, 여름, 가을, 겨울』(지성사, 2017)은 조류학자라기보다는 새 바라기로 10년을 살면서 관찰한 자연에 길들인 새들의 모습을 사계절에 따라 정리한 책이다. 읽기 편하다. 일단 얇다. 사진은 더욱 아름다워졌다. 그리고 무엇보다 고통스러운 관찰의 행적 없이 읽을 수 있어서 좋았다.

그는 왜 새들이 알을 낳고 새끼를 키우는 과정을 그토록 경건한 자세로 사랑스러운 사진에 담고 글로 풀어내는 것일까. "조류를 전공한 사람이 아니기에 부담감이 컸습니다. 용기가 필요했습니다. 아무도 가지 않은 길이기에 두려움도 있었습니다. 하지만 가기로 했습니다. 새는 이렇게 생겼다는 겉모습을 설명하는 것에서 그치지 않고 저들은 세상을 어떻게 맞이하는지, 어떻게 헤쳐나가는지, 얼마나 간절하게 하루하루를 살아가는지에 대해, 곧 저들의 속 모습을, 저들의 삶을 세상에 전하고 싶어졌습니다. 저들의 삶을 지켜보는 시간이 우리의 삶도 함께 들여다보는 시간이 되기를 바라는 마음 하나로 말입니다."(9쪽)

에너지의
과거, 현재, 미래

인간에게 가장 유용한 발명품을 꼽으라고 하면 나는 주저 없이 자동차, 에어컨 그리고 엘리베이터라고 대답한다. 그렇다. 나는 석유에 중독되어 있다. 그런데 나만 석유에 중독된 게 아니다. 심지어 농업도 석유에 중독되어 있다. 농업에 필요한 비료와 농약, 논에 물을 대기 위한 동력, 수확물의 건조와 가축의 도살 그리고 보관과 운반에 들어가는 에너지도 모두 석유에서 나온다.

그런데 석유는 영원히 존재하는 게 아니다. 우리는 이미 석유 정점에 도달해 있다. 석유 중심의 에너지 정책에서 벗어나야 한다는 것은 누구나 안다. 미국의 공학한림원은 '인간의 삶을 바꾼 위대한 발명 스무 가지'를 선정한 적이 있는데, 이때 자동차는 2위에 선정되었으며 에어컨을 비롯한 냉방기술이 10위에 꼽혔다. 이들도 나와 생각이 크게 다르지 않았다. 그런데 1위로 꼽힌 발명은 바로 전기였다. 어둠에서 인류를 구한 빛의 혁명이라는 근거를 댔다.

전기는 현대사회를 움직이는 근육이자 골격이다. 그리고 발전은 국가의 으뜸 기간산업이다. 그렇다면 석유에 중독되었다는 말을 전기에 중독되었다고 바꿔도 될까? 이제는 어려워졌다. 우리나라 전기의 출처는 대략 석탄이 39%, 원자력이 27%, 가스가 25% 정도다. 석유와 수력은 놀랍게도 각각 3%와 2%에 불과하고 기타 신재생에너지가 5% 정도 차지한다. 그렇다고 해서 에어컨을 켤 때마다 석유를 쓴다고 더 이상 괴로워할 필요가 없어진 것은 아니다. 고민은 여전하다. 최근 미세먼지가 늘어난 게 아니라 많이 줄어드는 추세임에도 불구하고 새로이 화두로 등장한 미세먼지의 주범은 중국이 아니다. 주범은 우리나라의 석탄화력발전소다. 문재인 대통령이 후보 시절에 석탄화력발전소 건설을 전면 중단하겠다고 공약했을 정도다.

핵발전은 또 어떤가. 핵발전 찬성론자들조차 핵발전의 위험성을 부인하지 않는다. 포스텍 김도연 총장은 지난 7월 24일 자 〈한국경제〉 칼럼에서 항공기는 부품 하나만 잘못돼도 엄청난 사고가 나지만, 그런 경우를 최대한 대비하는 것이 기술이다. "항공기를 포함해 초고속철도, 초고층 건물, 그리고 원자력 등 극한, 첨단, 거대기술은 모두 위험성을 지니고 있으며 완벽한 것은 없다"라며 핵발전의 위험성을 애써 외면하면서 핵에너지를 포기하는 것은 국부國富를 훑트리는 일이라고 주장했다. 결국 돈이라는 것이다.

이에 대해 변화를 꿈꾸는 과학기술인 네트워크ESC의 대표 윤태웅 고려대 전기전자공학부 교수는 "김도연 총장은 탈원전 정책을 비판하려는 생각으로 이 글을 쓴 모양입니다. 그런데 이 글이 외려 탈원전 정책의 근거가 될 수도 있지 않겠나 싶었습니다. (중략) 어떤 거대기술 시스템도 위험할 수 있다고 했으니까요. 비행기를 타지 않는건 논리적으로 가능한 일입니다. 또 안타까운 비행기 사고가 난다해도 희생자 수가 얼마나 될지는 예측할 수 있습니다. 하지만 원전은 다릅니다. 원전 전기 안 쓰겠다고 할 수도 없고 또 치명적인 사고가 나면 그 피해는 상상도 할 수 없기 때문입니다"라고 논평했다.

2017년 6월 27일, 문재인 대통령이 자신의 탈핵 공약에 따라 진행 중이던 신고리 5, 6호기의 공사를 중단하고 공론화를 위한 위원회를 구성하겠다고 발표하자 이에 맞서서 7월 6일 전국의 대학교수 400여 명이 문재인 정부의 탈핵 정책을 원점에서 재검토하라는 성명을 발표했다. 탈핵 정책에 대한 찬반 논의가 제대로 시작된 것이다. 논점은 간단하다. 핵발전 폐기론자들은 '안전'에 초점을 두고 핵발전 옹호론자들은 '돈'에 초점을 둔다. 문제는 우리에게는 안전도중요하고 돈도 중요하다는 것. 어이할꼬?

우리는 에너지 없이 존재할 수 없다. 현재 인구는 75억 명이다. 내가 살아 있는 동안 세계 인구가 정말로 두 배 이상으로 늘어난셈이다. 세계 인구가 10억 명을 돌파한 때는 불과 200여 년 전인

1803년이다. 500만 년 동안이나 평탄하던 인구 증가 곡선이 기하급수적으로 증가하게 된 변곡점은 증기기관이 출연했던 시기와 일치한다. 이 이야기는 현대의 인구폭발은 광범위한 화석연료 사용의 결과라는 말이다. 화석연료가 없으면 75억 명 인구 가운데 60억 명 이상은 존재할 수 없었다는 말이다. 우리는 화석 에너지 소비의 산물인 셈이다. 그러다 보니 우리는 에너지 문제를 생각할 때 가장 먼저 석유 고갈을 걱정한다. 그런데 항상 이런 걱정에 재를 뿌리는 사람들이 있다. 에너지 회의론자들이다.

현대인, 에너지의 노예

석유생산정점oil peak에 대해 많은 사람들이 코웃음을 친다. 석유는 아무리 파내도 또 나온다는 것이다. 『미래에서 온 편지』(리처드 하인버그 지음, 송광섭·송기원 옮김, 부키, 2010)는 에너지 회의론자들의 주장을 그래프와 표로 반박하는 책이다. '그래프와 표'라는 말만 듣고 숫자로 점철된 따분한 책이라고 지레짐작하지는 마시기를 바란다. 원서에서는 제일 마지막 장이었지만 한국어판에서는 제일 첫 장으로 옮긴 1부 1장 '미래에서 오는 편지'는 이렇게 시작한다. "2007년을 사는 여러분 안녕하세요! 여러분은 내가 태어난 해에 살고 있습니다. 나는 지금 백 살이고 2107년에 이 편지를 쓰고 있습니다. 나는 여러분 시대의 과학자들이 개발한 고등 물리학의 마지막 잔해를 이용하여 이 전자 메시지를 시간을 거슬러 여러분의 컴퓨터 네트워크로 보내고 있습니다. 나는 여러분이 내 편지를 받아 보고 잠시 멈추어 자신들이 살고 있는 세상에 대해 생각하고, 세상을 위해 어떤 행동을 해야 할 것인지 생각해 보기를 바랍니다."(45쪽)

새로 발견되는 석유라는 것들은 모두 깊은 심해에서 나오든지 아니면 모래와 엉겨 있는 오일 샌드oil sand다. 오일 샌드는 예전에는 석유로 쳐주지도 않았던 것들이다. 정작 문제는 우리가 이미 석유에 중독되어 있다는 점이다. 그래서일까. 탐사보도 저널리스트인 앤드류 니키포룩은 레이첼 카슨 환경도서상을 수상한 그의 저서『에너지 노예, 그 반란의 시작』(김지현 옮김, 황소자리, 2013)에서 현대인을 에너지의 노예라고 비유한다.

고대 사회의 에너지원은 노예였다. 노예제도가 "정치적으로나 도덕적으로 매우 위해한 악행"이라고 정의했던 토머스 제퍼슨조차 농업사회에서 노예제도를 포기한다는 것이 무슨 의미인지 잘 알고 있었다. 자신의 생계와 문화적 지위, 플랜테이션 농장을 잃는 것, 다시 말해 권력과 안락함을 죄다 포기한다는 의미였다. 그래서 그는 "신앙심이 없는 열강이 저지를 불명예스러운 일"인 노예제도를 선뜻 포기하지 못했다. "화석연료로 만든 새로운 불로 노동력 절감기계, 즉 에너지 노예가 개발되었다. 석탄이나 석유에 의존하는 이 무생물 노예의 급증은 인간 삶의 여러 측면을 바꿔놓았다. 이제는 석유가 풍부한 지역에 사는 일반인까지 그리스 신들의 힘을 소유하게 되었다. 기계 노예를 부려서 공중을 날고, 산꼭대기까지 단번에 오르기도 한다. 도시 인구는 늘고 강물은 말랐다. 심지어 인간은 지진을 일으키기도 한다. (중략) 개발 가속화는 석탄과 석유라는 선물을 고갈시키는 원인이기도 하다는 점이다. 전례 없는 이 막강한 힘에는 주인과 노예라는 문제적 관계가 내포되어 있다."(10쪽)

니키포룩에 따르면 우리가 에너지의 노예가 된 까닭은 지혜와 절제를 잃어버렸기 때문이다. 고대 그리스 신화로 시작하는 이 책의 아름다운 프롤로그는 이렇게 끝난다. "자제와 절제를 잃어버린 때 모든 에너지 관계는 관리의 문제를 넘어 지배의 문제로 변한다. 석유로 인해 인류문명은 다시 한 번 자만심의 희생이 되었다. 과거 노예라는 에너지에 의존했던 우리는 이제 석유와 그 주인들의 노예가 되어버렸다. 그런데 이번에는 우리를 구해줄 제우스가 없다. 우리 스스로의 힘으로 고대로부터 내려온 이 패러다임을 바꾸어야 한다. 에너지 사용을 정의롭고 도덕적이며 인간적 척도에 부합되게, 즉 가장 인간적인 방식으로 변환해야 할 책임은 이제 온전히 우리에게 있다."(11쪽)

✿ 돈과 안전 둘 중 하나

〈프레시안〉에 재직하던 당시 황우석 사건의 전말을 밝히는 데 큰 역할을 했던 강양구 기자는『아톰의 시대에서 코난의 시대로』(사이언스북스, 2011)에서 우리는 이제 더 이상 미룰 수 없으며 돈과 안전 둘 중 하나를 선택해야 한다고 강조한다. "이 논쟁이 어떻게 결론 나느냐에 따라서, 우리 앞에는 전혀 다른 세상이 펼쳐진다. 만약 우리가 원자력 에너지 없는 세상을 선택한다면, 당장 한국처럼 전체 전기의 3분의 1 이상을 원자력 발전에 의존하는 나라는 하루빨리 원자력 에너지를 대신할 수단을 찾아야 할 것이다. 그리고 어떤 대안을 찾든 지금처럼 전기를 펑펑 쓰지는 못하리라. 반면에 우리가 원자력 에너지를 계속 안고 가기로 결정한다면, 우리는 전기를 펑펑 쓸 수야 있지만 그에 상응하는 막대한 대가를 지불해야 할 것이다. 후쿠시마 사고를 통해서 각종 재해, 전쟁, 테러에 대비해 원자력 발전소를 안전하게 지키는 것이 얼마나 힘든지를 한 번 더 깨달았기 때문이다."(6쪽)

핵발전 옹호론자들은 핵발전 외에 대안이 있느냐고 묻는다. 그들에게 되묻는 책이 있다. 당신들은 이미 제시된 대안들을 애써 외면하고 있는 게 아니냐고 말이다.『대통령을 위한 에너지 강의』(리처드 뮬러 지음, 장종훈 옮김, 허은녕 감수, 살림, 2014)는 미국 대통령이 잘못된 정책을 펴지 못하게 하기 위해 에너지 문제를 조목조목 설명한 책이다. 제1부는 석유와 핵에 의존한 현대사회가 이미 겪고 있는 에너지 재난을 설명하고 제2부에서는 에너지 전망을 피력하며 무려 12개 챕터로 구성된 제3부에서는 대안에너지를 조곤조곤 설명한다. 제5부 대통령을 위한 조언은 문재인 대통령은 안 읽어도 된다. 이미 그는 다 알고 있는 것처럼 보인다. 트럼프는 읽어야 한다.

『한국 원전 잔혹史』(김성환·이승준 지음, 철수와영희, 2014)는 에너지 특히 핵에너지 문제에 천착할 때 놓치면 안 되는 책이다. 또한 『휴먼 에이지』(다이앤 애커먼 지음, 김명남 옮김, 문학동네, 2017)의 제1부 '인류세에 오신 것을 환영합니다' 역시 큰 통찰을 준다.『미래에서 온 편지』의 뒤표지에는 사우디아라비아의 격언이 나온다. "내 아버지는 낙타를 타고 다녔다. 나는 차를 몰고 다닌다. 내 아들은 제트여객기를 타고 다닌다. 내 아들의 아들은 □□■□□ 를 타고 다닐 것이다." ■는 빈칸이다. □를 채워보시라.

※정답은 인터넷 참조.

창조과학을
읽자

참담했다. 중소벤처기업부 초대 장관 후보자가 결국 낙마하였지만 그에게 문제가 된 것은 뉴라이트 역사관이었지, 지구 역사가 6000년이라고 하는 창조과학적인 과학관은 실제로 별문제가 아니었다. 청와대도 그것은 개인의 신앙심에 관한 것으로, 검증의 대상이 아니라고 했다. 후보자의 과학관도 놀라웠지만 그것을 그다지 큰 문제로 받아들이지 않는 사회 분위기는 더 놀라웠다.

좋다. 그렇다면 창조과학이 뭘 이야기하는지 공부해보도록 하자. 방법은 몇 가지가 있다. 가장 흔한 방법은 창조과학자들의 강연을 듣는 것이다. 그런데 주로 초중고 학생을 위한 교회 수련회에서 이루어지므로 일반인들에게는 별로 기회가 많지 않다. 다른 방법은 창조과학회 사이트를 방문하는 것이다. 수많은 기사가 있다. 문제는 대부분 작은 분야의 전문적인 내용을 다루고 있어서 웬만한 생물학이나 지질학 지식이 없으면 무슨 말을 하는지 이해하기 어렵다는 것이다. 남은 방법은 한 가지. 창조과학자들의 책을 읽는 것이다.

창조, 창조론과 창조과학

먼저 창조creation와 창조론creationism을 구분해야 한다. 기독교인들은 기본적으로 신에 의한 우주의 창조를 믿는다. 하지만 그들이 모두 창조론자(창조과학 신봉자)인 것은 아니다. 창조과학은 지구는 6000년 전에 창조되었으며 모든 생명은 진화 과정 없이 거의 동시에 등장했다고 주장한다. 창조론자들이 성경을 근거로 생각하는 데는 아무런 이의가 없다. 그것은 신앙의 문제다.

그렇다면 과학자들은 왜 후보자의 임용에 그렇게 발 벗고 나서서 반대했을까. 부산대학교 물리교육학과의 양자물리학자 김상욱 교수는 자신의 페이스북에 "창조과학은 종교의 문제가 아니라 과학의 문제다. 과학의 성과를 종교의 이름으로 무시하는 과학자들의 문제란 말이다. 우리는 박○○ 교수가 '신에 의한 세상의 창조'를 '믿어서' 문제를 제기하는 것이 아니다. 그가 '신에 의한 창조'를 '과학'이라고 주장하기 때문에 문제를 제기하는 것이다. 이 둘은 다르다"라고 썼다.

그런데 왜 그들은 성서의 해석에 과학을 동원하려 할까. 1997년 창조과학회 설립 초기에 대표 간사를 맡았던 조덕영이 쓴 『기독교와 과학』(두루마리, 1997)의 서문에서 그 실마리를 찾을 수 있다. "창세기 1장 1절에서도 그렇고 사도신경에서도 태초에 하나님이 천지를 창조하셨음'을 고백하고 믿는데, 여기에는 근원적 질문에 답하는 몇 가지 해답이 내려져 있음을 보게 된다. 즉, 창조 그 자체와 창조의 원인인 창조주 그리고 창조의 시기가 있었다는 것이다. 창조론은 바로 이러한 관점에서 출발한다. 성경의 창조주 하나님과 자연을 다루시는 하나님은 동일하신 분이므로, 물질계를 대상으로 하는 과학 그 자체도 피조된 대상에 불과한 것이다. 그러므로 과학 자료를 창조의 증거 자료로 삼을 수 있음은 당연하다."(4쪽)

근거는 과학에 있지 아니하고 성서에 있다. 신앙을 과학적 접근의 근거로 삼고 있는 것이다. 창조과학을 논하고 있는 책은 대부분 같은 내용을 거의 비슷한 순서로 담고 있다. 기독교와 과학 — 기독교와 설계자 하나님 — 기독교와 생명의 기원 — 기독교와 생물의 기원 — 기독교와 열역학 — 기독교와 기원의 역사 — 기독교와 유사 과학 — 과학과 선교 — 기독교와 인류의 기원 — 기독교와 우주의 신비 — 기독교와 창세기 대홍수 — 대홍수와 화석.

챕터명이 거의 '기독교와 ○○○' 식인데, 기독교를 빼고 보면 생명의 기원, 열역학, 우주론, 대홍수, 화석의 증거에 대해 이야기하고 있다. 조덕영의 책에는 놀랍게도 '기독교와 유사 과학'이라는 항목이 들어 있다. UFO와 뉴에이지 운동과 같은 유사과학은 창조론과는 같은 레벨에 있는 것이 아니고 오히려 진화론과 연관이 있다는 식이다. 하긴 진화론에서 창조론을 유사과학으로 본다면, 창조론도 진화론을 유사과학이라고 보는 게 합당할 것 같기는 하다.

한국창조과학회와 기원과학

1981년 1월 3일 여의도 전경련회관에서 한국창조과학회가 창립총회 및 창립예배를 드리면서 발족함으로써 창조과학은 비약적인 발전을 하게 된다. 고려대, 국방과학기술연구소, 서울대, KIST, 한국표준연구소 등의 쟁쟁한 학자들이 임원을 맡았다. 당시 기독교계 언론뿐만 아니라 〈조선일보〉(「진화론에 반기를 든 과학자들」, 1981. 1. 28)를 비롯하여 〈한국일보〉, KBS 등도 상세히 보도하였다. 이어서 8월, 한국창조과학회는 첫 책『진화는 과학적 사실인가?』(생명의말씀사, 1981)를 냈다. 창조과학을 강조하기보다는 진화론의 허점을 강조하는 책이었다. 1982년 여름에는 제1회 전국과학교사 연수회를 개최했다. 교사연수회는 이후 한동안 매년 개최되었다. 1986년에는 장로회 신학대학에 창조과학 과목이 '창조와 진화'라는 제목으로 개설되었으며, 자연과학개론서 집필을 위한 모임이 창조과학회 안에 구성되었다.

1989년에는 창조론을 삽입한 고등학교 2종 교과서를 검정에 제출하여 무려 1차 검정에 통과하는 초유의 사태가 발생했다. 다행히 최종심사에는 불합격했다. 이후 다양한 시도를 하던 창조과학회는 그동안의 연구 결과를 모아서 1999년 여름 창조과학도서『진화는 과학적 사실인가?』의 개정판인『기원과학』(두란노, 2003)을 출간했다.『기원과학』에는 (내게 컴퓨터 언어 파스칼을 가르쳐주신) 송만석 연세대 교수, KAIST 재료공학과 교수 출신으로 한동대 총장을 지낸 김영길 교수처럼 (학식이나 인품에서 정말 훌륭하지만) 생물학이나 지질학과는 거리가 먼 학자들뿐만 아니라 저명한 지질학자, 생물학자, 화학자 다수가 저자로 참여함으로써 창조과학 관련 도서가 드디어 책의 꼴을 갖추게 되었다. 각 챕터마다 논거의 출처가 명시되어 있다.

『기원과학』은 자신의 이론만을 강요하지 않고 과학계에서 논의되는 다양한 이론을 소개한다. 제2장「생명의 발생설」에서 진화론에서 이야기하는 자연발생설의 근거가 된 오파린의 가설, 밀러의 실험, 폭스의 실험을 자세히 설명한다. 또한 외계생명설을 소개하고 생명과학의 기본 요소인 단백질을 구성하는 아미노산, 핵산을 구성하는 요소와 구조, 그리고 복제와 관련한 다양한 과학적 사실을 자세히 설명한다.

이들은 과학자들의 딜레마를 잘 파고든다. 생물학에는 '중심 원리central dogma'라는 게 있다. 'DNA → RNA → 단백질'이라는 정보의 흐름을 말한다. 세포가 분열하기 위해서는 DNA가 복제되어야 하고, 단백질 효소를 만들기 위해서는 DNA가 RNA로 전사傳寫되어 단백질로 번역되어야 한다. 그렇다면 최초의 세포에는 DNA, RNA, 단백질 가운데 무엇이 들어 있었을까 하는 문제가 발생한다.

DNA는 생명의 설계도다. 그런데 DNA를 복제하고 전사하고 번역하는 과정은 단백질이 담당한다. 생명 활동은 단백질의 활동인 셈이다. 그런데 단백질의 설계도는 DNA에 있다. 그렇다면 최초의 세포에는 DNA와 단백질이 동시에 들어 있어야 한다. 과학자들은 그럴 확률이 거의 없다고 생각했다. 닭이 먼저냐 달걀이 먼저냐! 이 딜레마를 창조과학자들은 아주 쉽게 해결한다. "이와 같이 복잡하고 정교한 DNA 구조와 유전 메커니즘이 어떻게 생겼나 하는 것은 고도의 지적인 존재의 개입을 가정하지 않고는 도저히 설명하기 어려울 뿐 아니라 현재의 생명체는 생명을 준 초월적인 창조주가 없이는 존재할 수 없다는 사실을 깨닫게 해준다. 또한 DNA와 단백질이 동시에 있어야만 생명현상이 유지되는 것을 두고 이런 것들이 자연발생적으로 동시에 생겨나 생명체가 탄생했다고 믿는 것은 지혜를 가진 창조주가 이를 창조하시고 간섭하셨다고 믿는 것보다 훨씬 더 맹목적이고 불합리하다. 그러므로 태초에 생명을 만든 창조주가 있어야 한다는 것은 불가피한 논리적 귀결이라고 할 수 있겠다."(34~35쪽)

논리는 간단하다. 진화론에 모순이 있으니까 창조론이 맞다는 것이다.『기원과학』은 진화론의 허점과 모순을 지적한다. 대부분 진화론자들도 인정하는 문제들이다. 당연하다. 원래 과학은 진리가 아니기 때문이다. 하지만 진화론이 완벽한 이론이 아니기 때문에 창조론이 우월한 이론이 될 수는 없다. 창조론은 진화론에 맞서 싸우기보다는 성서 뒤에 숨는다.

하지만 과학자들은 자신들의 한계를 인식했고 그 모순을 풀어낼 수 있는 방법을 찾아냈다. 라이보자임ribozyme이 바로 그것. 라이보자임은 단백질처럼 효소 작용을 하는 작은 RNA 분자다. 1981년 처음 발견된 이후 지금까지 수천 가지가 발견되었다. 라이보자임 발견은 닭과 달걀의 관계처럼 핵산과 단백질 중 어느 것이 먼저인가, 하는 생명 기원에 대한 물음에 RNA 세계 기원설을 제기하였다.『기원과학』이 발간되기 무려 10여 년 전의 일이다.

단 한 권을 고르라고 한다면

대중들이 가장 많이 찾는 책은『창조과학 콘서트』(이재만 지음, 두란노, 2006)다. 우선 제목과 디자인이 팬시하다. 제목이 정재승 박사의『과학 콘서트』를 연상시킬 뿐만 아니라 내지 디자인 역시 당시 동아시아 출판사 판본을 그대로 따라 했다. 그리고 말하듯이 풀어낸 저자의 글솜씨가 빼어나다. 지질학과에서 석사학위를 받은 자신의 신앙고백과 창조과학이 말하고자 하는 전공 지식을 적절히 잘 엮어냈다. 제3장의 제목은 '그랜드 캐니언에 가면 누구나 창조과학자가 된다'인데 이게 큰 효과를 발휘해서 지금도 여름이면 많은 기독교인들이 이재만 작가가 운영하는 창조과학 탐사에 참여하기 위해 그랜드캐니언 계곡으로 간다.

그나저나 아무리 찾아봐도 창조과학을 대표할 한 권의 책을 찾기는 불가능하다. 창조과학회가 2010년에 펴낸 『30가지 테마로 본 창조과학』(생명의말씀사)도 가볍기는 마찬가지다. 차라리 지적설계론에 관한 책이라면 윌리엄 뎀스키의 『지적 설계』(서울대학교 창조과학연구회 옮김, IVP, 2002) 또는 마이클 베히의 『다윈의 블랙박스』(김창환 외 옮김, 풀빛, 2001)를 자신 있게 권할 수 있다. 이 두 책 역시 많은 한계가 있지만 논쟁적인 요소를 담고 있고 상당히 과학적이다. 어쩔 수 없이 창조과학에 관한 단 한 권의 책을 고르라고 한다면 역시 『기원과학』을 뽑을 수밖에 없다.

기세등등하던 창조과학이 중소벤처기업부 초대 장관 후보자 낙마 사태로 의기소침하게 되었다. 이때 무작정 창조과학을 몰아붙이는 것은 옳지 않다. 그들이 무슨 말을 하는지 진화론자들도 공부해야 한다. 아무리 그들이 우습게 보이더라도….

동물원에 투사된
인간의 욕망을 읽다

독일 사람들은 환경 친화적이다. 1992년 독일에 처음 갔을 때 그들이 환경과 친하게 지내는 이유를 한눈에 알 수 있었다. 그들은 개와 고양이 같은 동물과 함께 살았다. 애완동물이 아니라 반려동물로 살았고, 반려동물에 대한 애정이 야생동물까지 확장되고, 야생동물이 살아갈 생태계를 생각하니 식물을 포함한 자연환경 전체에 대한 이해가 깊어진 것이다.

당시 우리나라는 그렇지 못했다. 하지만 이제는 다르다. 한국 사람들의 생태에 대한 생각도 20년 전과는 완전히 달라졌다. 반려동물을 키우는 사람들이 많아졌기 때문이라고 생각한다. 그래서 사람들이 개와 고양이를 위해 마구 쓰는 돈이 하나도 아깝지 않다. 환경

보호를 위해 정부가 써야 하는 홍보비를 개인들이 직접 지불하고 있는 셈이기 때문이다(안타깝게도 나는 알레르기 때문에 털 있는 동물을 키우지 못한다).

동물원의 역할에 대해

자연은 경험해야 사랑할 수 있다. 그런데 자연을 경험하느라 자연이 망가진다. 이게 딜레마다. 갯벌의 중요성을 알려주기 위해 갯벌체험을 간다. 갯벌체험을 한 사람은 갯벌을 사랑하게 된다. 그런데 이 과정에서 갯벌이 망가진다. 그래서 나는 요즘 갯벌체험에 반대한다. 갯벌에 들어가지 말고 멀리서 바라만 보자고 한다.

동물원의 역할이 바로 이것이었다. 동물을 경험하게 함으로써 동물을 더 사랑하게 하고 그 사랑을 생태계 전반으로 확장시키는 것 말이다. 그런데 동물원이 많아지고 거대화되면서 오히려 동물들을 해치는 기관으로 바뀌고 있는 게 사실이다. 2014년 2월 덴마크 코펜하겐 동물원은 18개월 된 어린 수컷 기린 '마리우스'를 전기충격기로 살해한 후, 어린이 관람객들이 지켜보는 가운데 사체를 조각조각 잘라낸 후 사자에게 먹잇감으로 던져줬다. 합법적인 일이었고 동물원 운영 측면에서 보면 아주 합리적인 조처였다.

유럽의 동물원에는 기린 개체 수가 너무 많았다. 동물원에 가만두면 근친 교배를 하게 될 테고 다른 동물원에 넘기면 서커스단에 팔릴지도 모른다. 동물원의 기린 개체 수도 줄이고 사자의 야생성을 지킬 고기를 공급할 수도 있었다. 그런데 불과 넉 달 후 코펜하겐 동물원은 이번에는 젊은 수사자 네 마리를 도살했다. 코펜하겐 동물원만의 일이 아니다. 유럽동물원수족관협회 소속의 동물원에서만 매년 1,700마리 이상의 얼룩말, 들소, 영양, 하마 같은 대형 포유류들이 안락사를 당하고 있다. 이런 마당에 동물원이 여전히 필요한 것일까?

우선 어떤 동물원이 있는지 알아보자. 대만의 소설가 나디아 허는 런던에서 상하이까지 지구 반 바퀴를 돌며 세계 각지의 동물원을 여행했다. 그는 이야기꾼이다. 그는 동물 자체가 아니라 동물원이 간직한 오래된 이야기를 모아『동물원 기행』(남혜선 옮김, 어크로스, 2016)을 냈다.

책에 나오는 서베를린 동물원은 베를린의 교통 중심에 위치해서 베를린을 방문한 사람이라면 자연스럽게 방문하는 곳이다. 나도 몇 차례 방문할 수밖에 없었다. 1844년 개장한 독일 최초이자 유럽 여덟 번째 동물원이다. 베를린 동물원은 1929년 동물사의 철책을 없애는 대신 깊은 도랑을 파고 나무를 심어서 녹음이 가득한 개방형 전시를 한 것으로 유명하다. 이후로 다른 동물원들도 같은 전시 방식을 채택하고 있다.

동물원은 이제 도시의 정원 역할을 하고 있다. 동물원을 도시의 정원으로 만든 이는 베를린 동물원이 개장하던 해에 태어난 카를 하겐베크다. 그런데 그는 한편으로는 매우 잔혹한 인물이기도 하다. "하겐베크는 동물판매상이자 조련사, 탐험가이자 동물원 원장으로 일생을 보냈다. 열네 살이 되던 해에 아버지로부터 바다표범 몇 마리와 북극곰 한 마리를 받은 이래 그는 평생 동물과 함께하게 된다. 카를 하겐베크는 동물 포획에 천부적인 자질이 있었다. 아프리카에서 독일로 잡아 온 낙타만 수천 마리였고, 진귀한 새와 짐승들을 아프리카 수단의 왕과 맞교환한 적도 있다. 그는 자신의 이름을 내걸고 서유럽의 대도시에서 동물 전시회를 열다가 마침내 뉴욕에까지 진출했고 심지어 아프리카에서 데려온 '순수 자연 상태의 인종'을 '인류 동물원'이라는 이름으로 전시하기도 했다."(103쪽)

서베를린 동물원은 통독 이후 동베를린 동물원인 티어파크와 통합하여 베를린 동물원이 된다. 이때 소와 노루 같은 발굽동물들은 비교적 넓은 티어파크로, 상대적으로 도시의 소란한 환경에 익숙한 원숭이들은 서베를린 동물원으로 옮겨졌다. 작가 나디아 허는 베를린 동물원이 제2차 세계대전의 폭격 속에도 살아남은 것을 큰 행운으로 여긴다. 그는 동서양의 열네 개 동물원을 소개했다. 그리고 그는 다시는 기린 마리우스 같은 비극이 일어나지 않게 하기 위해서라도 지금 당장 가까운 동물원을 찾으라고 한다.

결이 많이 다르기는 하지만 조선 선비들의 동물 관찰기 『유학자의 동물원』(최지원 지음, 알렙, 2015)도 동물원과 관련해서 놓치기 아까운 책이다. 이 책은 조선 유학자들에 대해 내가 받았던 인상을 완전히 뒤흔들어놓았다.

도시의 정원

그런데 따져보자. 도대체 동물원에 있는 동물들은 왜 야생을 떠나서 도시의 정원으로 오게 되었는가? 그들의 사연을 퓰리처상 수상 작가 토머스 프렌치가 추적했다. 그가 미국 플로리다주 탬파에 있는 로우리 파크 동물원을 4년 동안 취재하고 틈틈이 아프리카와 파나마 등을 여행하면서 자료를 모아서 펴낸 책이 『동물원』(박경선·이진선 옮김, 에이도스, 2011)이다.

그는 "왜 동물원마다 코끼리가 넘쳐 날까"라는 질문을 가장 먼저 한다. 그리고 사람들을 찾아가 이야기를 들었다. "코끼리들이 보호구역에서 살 수 없는 이유는 간단했다. 늘어가는 코끼리들을 모두 데리고 있기에는 보호구역이 비좁았고, 공간을 확보하려면 나무를 잘라내야 하는데, 그렇게 되면 보호구역은 황폐해지고 다른 동물들의 생존이 위협받았기 때문이었다. 코끼리들 중 일부를 죽이거나, 샌디에이고와 탬파에 있는 동물원으로 보내는 방법 중 하나를 선택해야만 했던 것이다. (동물보호구역을 운영하는) 믹은 코끼리들을 죽이지 않으려면 다른 방도가 없다고 생각했다. 동물보호단체들은 코끼리를 죄수처럼 동물원에 가두느니 차라리 자유롭게 죽게 놔두는 편이 낫다며 믹을 비난했다. 믹이 아는 한, 대자연은 이데올로기가 아니라 생존을 중요시했다. 그리고 이 비행기에 탄 코끼리들에게는 기회가 주어졌다."(13~14쪽)

토머스 프렌치는『동물원』안에 자연과 역사뿐만 아니라 문화, 무역, 인간의 행동과 심리에 이르는 통찰을 담았다. 동물의 생태를 담으면서 동물원을 둘러싼 사회적 이슈를 폭넓게 다루는데 문체가 유려하다. 원문이 유려한지 아니면 번역이 그러한 것인지는 알 수 없다. 어쨌든 한국어판은 유려하다. 도시의 정원인 동물원에 투사된 인간의 욕망을 읽어내는 책이다.

동물원이 도시의 정원이라고 하자. 또 동물원에 갇히게 된 동물도 다 사정이 있어서, 최악의 상황을 모면하기 위해서라고 하자. 그렇다면 동물원에 갇힌 동물은 행복할까? 썩 행복할 것 같지는 않지만 막연하게 부정적으로만 보지 말고 근거를 갖출 필요가 있다.

『동물원 동물은 행복할까?』(로브 레이들로 지음, 박성실 옮김, 책공장더불어, 2012)는 20년 동안 동물원을 1,000번 이상 방문한 저자가 기록한 슬픈 이야기다. 우리는 제목만 봐도 그가 무슨 이야기를 할지 알 수 있을 것 같다. 그런데 정작 저자는 동물원에 갇힌 야생동물들이 야생과 같은 상태는 아닐지라도 행복하게 살 수 있을 것이라고 한다.

동물원 동물은 행복할까

물론 여기에는 영국에서 1960년대에 시작하여 이후 전 세계 국가, 동물단체가 야생동물 복지를 가늠하는 기준으로 삼고 있는 '동물의 5대 자유'가 얼마나 적용되느냐를 따져야 한다. "동물 복지 개념에 따르면 갇혀 지내는 동물도 행복감을 느끼려면 다음의 5대 자유가 필요하다. (1) 목마름, 배고픔, 영양실조로부터의 자유: 동물에게 영양가 있는 음식과 신선한 물을 제공해야 한다. (2) 불편함으로부터의 자유: 동물에게 쾌적한 온도에서 쉴 만한 장소를 제공해야 한다. (3) 고통, 부상, 질병으로부터의 자유: 동물이 질병에 걸리지 않거나 질병에서 벗어날 수 있도록 적절한 보살핌과 치료를 제공해야 한다. (4) 정상적인 행동을 표현할 수 있는 자유: 동물에게 넓은 공간과 호기심을 자극할 수 있는 풍부한 환경을 제공해야 한다. (5) 공포와 고통으로부터의 자유: 동물이 숨을 수 있는 공간이 제공되어야 하며 동물을 존중하는 태도를 지닌 사육사가 있어야 한다(37쪽)."

로브 레이들로는 근본주의적인 운동가가 아니다. 그는 책에서 야생동물을 가둬 두는 것의 문제점과 그 문제를 바로잡기 위한 다양한 아이디어에 대해 이야기한다. 그는 강조한다. 갇혀 지내는 야생동물의 삶에 대해 좀 더 알게 되면 동물원과 동물원에 갇힌 야생동물을 새로운 관점에서 바라볼 수 있을 것이라고 말이다.

나는 도서관의 주인공은 책이 아니라 사서라고 생각하고, 과학관과 자연사박물관의 주인공은 표본이 아니라 과학자라고 생각한다. 마찬가지로 동물원의 주인공도 동물이 아니라 사육사와 수의사라고 여긴다. 모든 것은 사람이 하는 것이다. 너무 사람 중심적인 사고 아니냐고? 사람이 사람 중심으로 생각하지, 지렁이나 풍뎅이 중심으로 생각하겠는가?

따라서 동물원의 이야기도 수의사와 사육사에게 듣는 것이 가장 좋다. 광주 우치동물원의 수의사 최종욱은 주로 아동용 책이지만 따뜻한 눈으로 동물을 진지하게 다룬 책을 여러 권 썼다. 그의 저작 가운데 성인이 읽기에 좋은 책은 『동물원에서 프렌치 키스하기』(반비, 2012)와 『달려라 코끼리』(최종욱·김서윤 지음, 반비, 2014)다.

동물원을 비판하기는 쉽다. 하지만 당장 동물원을 없앨 방법이 없다면 동물원을 개선할 방안을 찾아야 한다. 동물원에서 일하는 사람들의 애환을 들어보자. 최종욱은 열 마리의 코끼리를 돌보면서 그 코끼리들이 우리나라에 온 많은 이주 동물들의 삶을 대변하고 있다고 깨달았다. 그리고 스스로 물었다. "아프리카 밀림부터 사바나까지. 저마다 자기의 고유한 고향을 잃고 떠나온 이 동물들에게 우리는 어떻게 또 다른 고향이 되어줄 수 있을까?"(274쪽)

동물원에서 일하는 이들은 그 누구보다도 동물을 사랑하는 사람들이다. 그리고 동물원을 폐지하거나 개선하는 가장 좋은 일은 자주 동물원을 찾아가는 것이다. 최대한 조용히 동물들을 관찰하면서 그들을 행복하게 만들어줄 방법을 찾아보자.

북극을
읽다

'오대양五大洋 육대주六大洲'라는 말이 있다. 오대양은 분명한데 육대주는 모호하다. 아프리카, 유라시아, 북아메리카, 남아메리카, 오스트레일리아. 다섯 개다. 그런데 유럽인들은 유라시아를 유럽과 아시아로 나누어서 세었다. 하지만 유라시아를 두 개로 쪼개는 것이 가당키나 한가? 다행히 한 개의 대륙을 더 찾았다. 그것은 바로 남극 대륙(대륙은 민족주의 역사관이 만든 허구적인 용어라며 사용하지 않는 역사학자들도 있다).

풉! 아니, 남극 대륙을 나중에야 찾았다고? 그렇다. 1850년대만 해도 북극과 남극을 아는 존재는 에스키모와 펭귄이 전부라고 해도 과언이 아니다. 기원 전 2500년 무렵부터 이누이트가 살고 있던 그린란드를 유럽인은 986년에야 발견했다. 오죽하면 얼음으로 덮인 땅을 '초록의 땅'이라고 속여서 많은 사람들을 이주시키는 데 성공했겠는가.

❖ 어느 한 챕터도 소홀히 넘기기엔 아까운

유럽인이 북극을 탐험하기 시작한 때는 1820년대에 들어선 다음이다. 그런데 1850년대까지 북극탐험대는 얇은 옷을 입고 떠났다. 북극을 정말 몰랐다. 그들은 벌벌 떨면서 북으로, 북으로 걷다 보면 마침내 얼음이 없는 바다가 나올 것이라고 믿었다. 찰스 다윈이 1831년~1835년에 걸쳐서 비글호를 타고 전 세계를 항해한 지 한참이 지났지만 유럽인들은 여전히 빙하와 북극을 몰랐다. 찰스 라이엘은 1840년 『지질학의 원리』 6판을 내면서 (여전히 빙하와 눈더미의 차이를 몰랐지만) 처음으로 빙하와 빙산에 관한 챕터를 추가했으며 유럽인들이 1854년까지 도달한 가장 북쪽 지점은 북위 79도 45분에 불과했다.

19세기 과학사라고 하면 찰스 다윈의 진화론만 떠오르지만 실제 당시에 가장 센세이션을 불러일으킨 사건은 지구가 한때 1600m나 되는 빙하로 뒤덮였던 시대가 있었다는 사실의 발견이었다. 과학사가인 에드먼드 블레어 볼스는 19세기 빙하 연구를 둘러싼 흑역사를 『아이스 파인더』(김문영 옮김, 바다출판사, 2003)에 담아냈다. 흑역사의 중심에는 위대한 지질학자 찰스 라이엘이 있다. 찰스 라이엘은 찰스 다윈에게 큰 영감을 주었으면서도 정작 다윈의 진화론에는 동조하지 않았다. 빙하의 모양과 운동에 관한 루이 아가시의 이론에 온갖 조롱을 퍼붓다가 빙하론의 영광은 혼자 다 누렸다. 아가시와 라이엘 사이의 논란을 끝낸 사람은 탐험가인 엘리사 켄트 케인이다. 그가 그린란드 북단을 지나 얼음의 바다에 도착하면서 빙하시대를 둘러싼 논란에 종지부를 찍었다.

당시 사람들은 북극점 도달 같은 것에는 관심이 없었다. '북극은 대륙인가 아니면 바다인가'라는 질문이 제기된 다음에야 북극점에 가봐야 할 필요가 생겼다. 미국 탐험가 로버트 피어리가 1909년 4월 북극점에 도달했다고 자신은 확신했지만 확인할 방법은 없다. 아문센이 1926년 5월 12일 비행선을 타고 북극점을 내려다본 것이 가장 확실한 사건이다. 우리나라 탐험대는 1991년에 북극점에 도달했다.

그렇다면 21세기 사람들은 북극에 대해 잘 알고 있을까? 19세기 사람들과 큰 차이가 없다. 단지 남극의 빙하가 대륙 위에 놓인 것과는 달리 북극의 빙산들은 물 위에 떠 있는 것이며 빙산이 덮고 있는 넓이가 점차 줄어들어서 북극곰은 점차 살 곳이 없어지고, 인간들은 빙산이 녹아 생긴 새로운 북극해 항로를 통해 유럽으로 가는 바닷길을 크게 단축할 수 있다는 것 정도밖에 모른다. 북극점이 아니라 북극 툰드라 지역의 자연에 대해 더 많이 알고 싶다면 이젠 유럽인들이 연구하고 그 결과를 책으로 내기까지 기다릴 필요가 없다. 한국 과학자들이 거기에 있기 때문이다.

우리나라의 극지연구소는 북극에 다산과학기지를 건설하고 북극 처치해와 보퍼트해로 쇄빙연구선 아라온호를 몰고 가장 먼저 들어갔다. 그린란드 한복판에서 빙하를 시추하고 알래스카와 시베리아에서 온실기체 변화를 측정하고, 그린란드 최북단과 러시아 북쪽의 외진 섬에 대기관측소를 설치했다. 세계 최초로. 여기에 참여한 극지연구소의 과학자 스물다섯 명은 자신들이 북극 툰드라 지역을 탐험하고 연구한 이야기를 『아틱 노트』(이유경 편저, 지오북, 2018)에 담았다.

이 책은 기초적인 질문부터 시작한다. 어디가 북극일까? 남극은 남위 60도 아래의 모든 지역이라는 정의가 있다. 하지만 북극은 아직까지도 공식적인 정의가 없다. 지구물리학자와 생태학자가 정의하는 북극의 기준이 다르다. 딱히 어디라고 말하지도 못하는 곳에 이미 원주민들이 살고 있지만 탐험은 계속된다. 왜 아직도 탐험이 필요한지에 대해 편저자인 이유경 박사는 제1부 「북극으로」에서 이야기한다.

『아이스 파인더』가 유럽인의 시각을 따랐다면 『아틱 노트』는 원주민의 시각에 가깝다. 북극 일대에 사는 사람을 이누이트라고 한다. 그들 말로는 그냥 '사람'이라는 뜻이다. 에스키모는 '날고기를 먹는 사람'이란 뜻이라고 알려져 있지만 이것은 유럽인들이 잘못

전한 것이고 실제로는 '눈신을 깁는 사람'이라는 뜻이다. 1700년대 털가죽물개 사냥이 시작된 지 40년 만에 털가죽물개가 멸종 위기에 처했다. 그다음에는 바다코끼리와 고래 사냥을 위해 북극을 찾던 사람들이 이제는 석유 자원을 찾고 있다.

제2부 「북극 다산과학기지」는 북극의 환경오염, 에어로졸, 기상 관측 등 북극의 환경변화 연구에 관한 내용을 다룬다. 지구과학과 환경 과목 수업에서 다뤄질 내용들이 여기에 다 들어 있다. 필드 연구를 기록한 책의 재미는 따로 있다. 논문에는 절대로 쓰지 않는 현장감 넘치는 뒷이야기들이다. "오두막에 누워 잠을 자는 것은 불가능했기 때문에, 바깥에 친 텐트로 나와 잠자리에 들었다. 내가 가장 바깥쪽에 누웠고 총도 반장전 시킨 상태로 머리맡에 두고 잠을 청했다. 9월 중순이라 날은 춥고 빗방울이 텐트에 부딪히는 소리와 바람이 흔드는 소리 때문에 시끄럽고, 곰이 나타나면 신발을 신고 도망가야 할 텐데 신발을 들여놓아야 하나, 끈을 다 풀지 말고 헐겁게 묶어 놨어야 하나, 총을 먼저 장전하고 신을 신어야 하나 하는 많은 생각이 머릿속을 맴돌았다. 그나마 밤이 어둡고 피곤하게 일한 덕에 잠이 솔솔 왔던 것 같다."(98~99쪽)

실제로 그렇다. 야외에 나갔을 때, 특히 오지에 나갔을 때는 정작 연구보다 먹고 자고 씻고 싸는 게 가장 힘든 일이다. 그리고 자연은 무서운 곳이며 자기 몸은 자기가 지켜야지 그 누구도 지켜주지 않는다. 장소에 따라 연구 내용도 바뀐다. 북극 다산과학기지(2부)에서 주로 환경문제를 다뤘다면, 그린란드(3부)에서는 고생물이라는 주제가 등장한다. 땅 위이므로 화석도 나오지만 살아 있는 동물도 있으며 빙하시추를 통해서 과거 기후의 역사를 들여다볼 수도 있다. 빙하코어는 얼음으로 이루어진 화석이다. 알래스카와 북극해 그리고 툰드라 벌판(4부)에서도 과학자들은 판다. 얼음만 파는 게 아니라 언 땅을 파서 둥근 막대 모양의 땅을 끄집어 올린다.

북반구에서는 육지 면적의 24%가 영구동토층이다. 한국의 연구진들은 북극해 전체 면적의 30%에 달하는 대륙붕을 연구한다. 잠깐, 도대체 거기서 하는 연구가 우리와 무슨 상관이 있기에 한국 과학자들이 비싼 세금을 그곳에서 쓰고 있단 말인가?

그곳은 예전에는 오랫동안 육상에서 영하 20도 정도의 혹한에 노출되어 있다가 이제는 영하에 가까운 따뜻한 바닷물로 덮인 지역이다. 점차 해저지형까지 열이 전달되면 그곳의 영구동토층이 녹게 된다. 그리고 거기에서 메탄이 쏟아져 나오게 될 것이다. 메탄은 이산화탄소보다 강력한 온실가스다. 북극 온난화는 홍수, 혹한, 가뭄과 태풍 같은 기상재해를 강화시키고 그 피해는 우리에게까지 미친다. 기후 재난에는 국경이 없다. 우리도 당연히 해야 하는 일이다. 또한 잘 이용하면 오히려 우리의 에너지 자원으로도 활용할 수 있다. 경제적으로도 이익이 되는 투자다.

책의 5부는 북극과 국제법, 북극이사회를 통한 국제협력을 다루고 있는데 다른 곳에서는 얻기 어려운 정보를 제공한다. 극지연구소의 과학자들이 모여서 연구논문이 아니라 대중 교양서를 출판한 까닭은 대중들에게 전달하고 싶은 메시지가 있기 때문일 것이다. 가볍지 않고 깊이 있는 내용을 진지하면서도 최대한 쉽게 전달하려고 노력했다. 하지만 많이 아쉽다. 어느 한 챕터도 소홀히 넘기기에는 아까운 내용들이지만, 무려 스물다섯 명의 과학자들이 참여하다 보니 챕터마다 서술 방법과 글의 수준이 다르다. 재미는 천차만별이다. 대표 저자가 필요했던 것 같다. 그럼에도 불구하고 지금까지 나온 국내외의 북극과 관련한 과학책 가운데 최고라고 자신 있게 말할 수 있다.

이제야말로 북극에 대한 관심이 필요한 때

『극지과학자가 들려주는 툰드라 이야기』(이유경·정지영 지음, 지식노마드, 2015)는 『아틱 노트』의 축약본이라고 할 수 있다. 168쪽 분량의 짧은 책이지만 『아틱 노트』의 핵심 내용들이 모두 들어 있고 부록으로 실려 있는 참고문헌과 더 읽으면 좋은 자료들, 그리고 툰드라 지역에 살고 있는 대표적인 생물 목록은 매우 유용하다. 〈한겨레〉에서 오랫동안 환경 기사를 써온 남종영 기자의 『북극곰은 걷고 싶다』(한겨레출판, 2009)는 툰드라 지역의 기후문제를 집중적으로 다루고 있으며, 『극지 해빙의 과학』(최경식 글·사진, 지오북, 2013)은 2013년 문화체육관광부 우수학술도서로 선정된 책이지만 내가 보기에는 소장 가치가 있는 아름다운 사진집이다. 사진으로 북극과 남극을 탐험하는 책이다.

북극과 달리 남극에 대해서는 예전부터 좋은 책이 꽤 나와 있다. '장순근'이라는 이름으로 검색해서 나오는 책은 모두 믿을 만하다. 특히 『남극 탐험의 꿈』(사이언스북스, 2012)은 백미이며, 어린이 청소년 버전으로는 『남극은 왜?』(김웅서·장순근 지음, 지성사, 2016)가 최고다. 남극 월동대원의 삶을 간접 경험하고 싶다면 『남극을 살다』(장보고기지 1차 월동대원 지음, 지식노마드, 2016)를 추천한다. 이 책만 읽고서도 남극기지를 배경으로 한 추리소설을 쓰고 싶어질 정도다.

2018년 2월의 어느 날 평창의 기온이 영하 21도일 때 모스크바와 평양은 영하 16도, 헬싱키는 영하 7도, 아이슬란드의 수도 레이캬비크는 영하 1도였다. 중위도의 평창이 극지방보다 더 추웠다. 이 모든 것이 지구온난화의 결과라는 사실은 아이러니다. 이제야말로 북극에 대한 관심이 필요한 때인 것 같다.

그냥 가지고만 있어도
행복한 책들

반드시 읽으려고 책을 구입하는 것만은 아니다. 읽고 배우기 위해서가 아니라 그냥 가지고만 있어도 행복한 책들이 있다. 그런 책은 사람마다 모두 다를 터. 요즘 내가 '그냥 갖고 싶은 책'은 복잡한 이론이 담긴 책이 아니라 단순한 사실을 보여주는 책이다. 그러니까 도감이나 그림책 말이다. 그렇다고 해서 황소걸음에서 나온『주머니속 풀꽃도감』(이연득·정현도 지음, 2015),『주머니 속 민물고기 도감』(윤순태 지음, 2007)이나 LG상록재단에서 펴낸『한국의 새』(이우신·구태회·박진영 지음, 타니구찌 타카시 그림, 2014)처럼 자연 탐사 때 필수적으로 지니고 다녀야 하는 포켓북이나, 휴대할 수는 없지만 집에 돌아와서 찾아볼 수 있는『한국 식물 생태 보감』(김종원 지음, 자연과생태, 2013)이나 『웅진 세밀화 식물도감』(심조원 글·김시영 외 그림, 호박꽃, 2012) 같은 사전류 도감을 말하는 게 아니다. 이런 책은 자연을 사랑하고 탐구하는 사람이라면 반드시 가져야 하는 필수도서이지 그냥 단순히 갖고 싶은 책이 아니다.

동식물 삽화가 압도적인 책

트위터에서 재밌는 동영상을 봤다. 서너 살 먹은 여자아이가 수족관 유리 벽을 사이에 두고 바다표범과 마주 보고 있다. 여자아이는 양손의 검지를 유리에 대더니 두 손가락을 대각선 방향으로 밀었다. 마치 아이패드 화면에 보이는 그림의 크기를 확대하려는 것처럼 말이다. 아이는 바다표범의 얼굴을 자세하게 보고 싶었을 것이다. 나도 그 여자아이와 같은 심정이다.

내가 좋아하는 동물과 식물을 크고 자세하게 보고 싶다. 그래서인지 요즘 내가 그냥 갖고 싶은 책은 여러 가지 동물과 식물이 나오는 삽화가 '압도적인' 커다란 책이다. 이런 책은 얼마 전까지만 해도 유럽이나 미국의 자연사박물관에 가야 구입할 수 있었다. 그런데 최근에는 우리나라에서도 나온다. 이런 책이 나오면 그냥 구입한다.

별난 취미가 아니다. 자연학에서는 오랜 전통이다. 알렉산더 폰 훔볼트와 찰스 다윈의 영향을 받은 에른스트 헤켈은 1889년부터 1904년까지 6년에 걸쳐서 방산충을 비롯해 믿을 수 없을 정도로 다양한 해양생물을 환상적인 필체로 그려서 열 권의 책으로 펴냈다. 당시 사람들은 이 책을 그냥 샀다. 어떤 정보를 얻으려는 게 아니었다. 그림이 아름다워서, 그냥 소장하고 싶어서 구입했다.

헤켈의 화풍은 과학자와 일반 대중뿐만 아니라 당대의 예술가에게도 큰 영향을 끼쳐서 프랑스의 '아르누보' 또는 독일의 '유겐트슈틸'이라는 새로운 기풍으로 이어졌다. 헤켈의 모든 그림은 『자연의 예술적 형상』(엄양선 옮김, 이정모 해설, 그림씨, 2018)에서 볼 수 있다. 그런데 아쉽게도 책이 작다. 작아도 너무 작다. 가로 13.3cm, 세로 19cm로 보통 책 사이즈보다도 작다. 안타깝다. 그래도 소장할 가치가 충분한 책인 것은 분명하다.

헤켈의 그림은 아니지만 헤켈의 영향을 받은 게 분명한 화풍의 그림이 실린 '압도적'인 크기의 책이 최근 나왔다. 비룡소 출판사의 '내 책상 위 자연사 박물관' 시리즈가 바로 그것. 책이 크다. 가로가 30cm이고, 세로는 37.2cm나 된다. 이런 책의 단점은 책꽂이에 꽂아 놓을 수 없다는 것이다. 이 단점은 동시에 장점이 되기도 한다. 책상이나 탁자에 올려놓아야 하기 때문에 언제든지 펼쳐볼 수 있다는 것이다. 커다란 도감의 특징은 그림이 크게 그려져 있는데 게다가 세밀화라는 것이다.

이 시리즈는 현재 『동물 박물관』(케이티 스콧 그림·제니 브룸 글, 이한음 옮김, 비룡소, 2017)과 『식물 박물관』(케이티 스콧 그림·캐시 윌리스 글, 이한음 옮김, 비룡소, 2018) 두 권이 출간되었다. 최고의 전문가가 썼고 최고의 과학 번역가 가운데 한 명인 이한음이 옮겼으니 믿고 읽으면 되지만 어차피 작가와 번역가는 이 책의 독자에게는 관심사가 아니다. 그림을 그린 사람은 영국의 일러스트레이터 케이티 스콧이다. 스콧의 세밀화는 헤켈의 정교한 그림을 보는 것 같다.

헤켈의 『자연의 예술적 형상』은 계통수로 시작한다. 생명의 계통을 나무 모양의 그림으로 표현하는 전통은 1801년 프랑스 식물학자 오귀스탱 오지로부터 시작되었다. 이후 1809년 라마르크가 『동물 철학』(이정희 옮김, 지만지, 2014)에서 동물의 계통수를 그렸다. 그러나 라마르크는 맨 위에 벌레를 놓고 맨 아래에 포유류를 놓았다. 이때까지만 해도 각 동물과 각 식물에 공통 조상이 있을 것이라고는 생각하지 못했다.

찰스 다윈은 1859년 펴낸 『종의 기원』 제4장 「자연선택」에서 종의 이름을 표기하지 않은 계통수를 제시하였다. 계통수를 찰스 다윈은 '생명의 나무'라고 이름 지었다. A에서 L까지 임의로 부여된 종들이 시간의 경과에 따라 더 많은 종들로 분화되는 것을 나타낸 이 계통수를 통해 다윈은 "처음에는 동일한 종 안의 작은 차이에서 출발한 분화는 세대를 거듭할수록 큰 차이를 나타내게 되며 결국 서로 다른 종으로 분화하게 된다"고 설명했다.

찰스 다윈은 『종의 기원』 제6판(1872년)에 가서야 자신이 제시한 생명의 나무에 대해 조금 더 친절하게 설명했지만 여전히 이해하기는 힘들다. "친연 관계에 있는 모든 생물들은 하나의 나무로서 나타낼 수 있다고 확신한다. 잎이 달린 새로 돋은 가지로 현존 생물을 나타낼 수 있고, 이들은 멸종한 종들의 오래된 후손이다. 시대를 거듭할수록 더 많은 가지들이 뻗어 나가고 가장 위에 현존하는 생물만이 나타나게 된다."

아, 놀라워라, 진화의 관점

스콧의 『동물 박물관』과 『식물 박물관』 역시 계통수로 시작한다. 생명의 나무에 대해 『식물 박물관』을 쓴 옥스퍼드 대학교 생물다양성 교수 케시 윌리스와 『동물 박물관』을 쓴 제니 브룸은 각각 이렇게 썼다. "생명의 나무라는 말은 정말로 딱 들어맞는 표현이다. 크고 작은 각기 다른 다양한 종류의 나무들이 저마다 가지를 뻗어 자라나는 모습과 비슷하기 때문이다. 생명의 나무는 지구에서 식물들이 지금까지 어떻게 진화했는지를 한눈에 보여 준다. 가장 최근에 진화한 식물이 맨 위쪽 가지에 자리한다."(『식물 박물관』 5쪽)

"생명의 나무는 사람의 가족 관계를 나타내는 가계도와 꽤 비슷하다. 행성 지구에 사는 동물들이 다 들어 있고, 각각의 동물 속이 서로 얼마나 가까운 친척인지 나타내기 때문이다. 또한 생명의 나무는 전혀 달라 보이는 생물들이라도 따지고 보면 같은 뿌리에서 나왔다는 사실을 쉽게 보여 준다. 사실 모든 생물은 하나의 조상에게서 시작되어 수백만 년에 걸쳐 여러 형태로 다양하게 진화해 온 것이다."(『동물 박물관』 5쪽) 훨씬 이해하기 쉽다. 물론 큰 책 양면에 펼쳐진 압도적인 계통수를 보면 글로 된 설명이 필요 없을 정도로 직관적으로 이해된다.

자연사박물관은 생명을 시대 또는 분류군에 따라 전시한다. 『동물 박물관』은 현생 동물만을 다룬다. 따라서 분류군에 따라 무척추동물·어류·양서류·파충류·조류·포유류 자료실로 구성되었다. 이에 반해 『식물 박물관』은 단순히 분류군에 따르는 게 아니라 최초의 식물·나무·야자나무와 소철·풀·벼과 식물, 부들, 사초, 골풀·난초와 브로멜리아·환경에 적응하는 식물 자료실 같은 식으로 다채롭게 구성되어 있다.

두 책은 크고 아름다운 그림이 실렸다는 것 외에도 다른 도감류와 분명한 차이가 있는데 그것은 바로 시종일관 진화의 관점을 유지하고 있다는 것이다. 왜 아니겠는가! 시리즈 이름이 '내 책상 위 자연사 박물관'인데….

가령 이런 식이다. "스펀지 또는 해면으로도 불리는 해면동물은 최초의 단세포 동물인 원생동물로부터 진화한 첫 번째 동물 문으로 여겨진다. '문'은 동물들을 묶는 범주 중 하나다. 오스트레일리아 남부에서 발견된 화석으로 미루어볼 때, 해면동물은 6억 5,000만 년 전부터 바다에 살았던 듯하다. 그토록 까마득히 오래전에 일어난 다세포 해면동물의 진화는 자연사에서 가장 중요한 사건 중 하나였다."(『동물 박물관』 10쪽) 벼과 식물은 10,000종이 넘으며, 인류에게 가장 중요한 몇몇 식물들도 들어 있다. 그 중 세 가지인 옥수수, 밀, 벼에서 얻는 곡물은 세계 식량의 50퍼센트 이상을 차지한다. 벼과 식물은 열대에서 추운 극지방에 이르기까지 거의 전 세계에 퍼져 있다. 남극 대륙에 사는 꽃식물은 두 종뿐인데, 그 중 하나가 벼과 식물이다. 벼과 식물은 세계 지표면의 25퍼센트 이상을 뒤덮고 있다고 추정된다. 벼과가 가장 최근에 진화한 식물 집단에 속한다는 점을 생각하면 놀라운 사실이다. 화석 기록상 벼과 식물은 약 6,000만 년 전에 처음 나온다. 말을 비롯해 발굽이 있는 여러 포유동물들이 처음 출현한 시기다."(『식물 박물관』 64쪽)

『동물 박물관』과 『식물 박물관』은 읽으려고 구입한 책이 아닌데도 불구하고 재밌는 읽을거리가 많다. 마다가스카르에 서식하는 어떤 하얀 난초에는 꿀주머니의 길이가 30cm나 되어서 혀가 아주 긴 꽃가루 매개자만이 꿀을 얻을 수 있다. 이 꽃은 1862년 찰스 다윈의 손에 들어갔다. 꽃을 본 다윈은 친구인 식물학자 후커에게 "방금 길이가 약 30cm나 되는 기다란 꿀주머니를 지닌 놀라운 앙그라이쿰 세스퀴페달레가 든 상자를 받았습니다. 대체 어떤 곤충이 이 꿀을 빨 수 있을까요?"라고 편지를 썼다. 다윈은 혀 길이가 30cm쯤 되는 미지의 곤충이 반드시 있을 것이라고 추측한 것이다.

책은 여기에 대한 이야기를 이어간다. "사람들은, 정중하게 표현하자면, 다윈의 상상력이 좀 풍부하다고 생각했다. 다윈이 그런 평가를 받은 것이 처음도 아니었다. 40여 년이 지난 1903년, 그가 옳았음이 증명되었다. 이 난초의 꿀주머니에 닿을 만치 긴 혀를 지닌 새로운 각박시나방 종(다윈박각시)이 발견된 것이다. 끈기 있게 관찰한 끝에, 다윈박각시가 앙그라이쿰 세스퀴페달레의 꿀을 빠는 광경을 야생에서 관찰하는 데 성공했다."(『식물 박물관』 74쪽) 책은 압도적으로 아름다울 뿐만 아니라 재밌으며 찾아보기는 매우 충실하다. 우리나라 이름과 학명이 각각 색인으로 정리되어 있다.

동물과 식물을 함께 생태학적으로 묘사한 책으로는 『원더 가든』(제니 브룸 글·크리스트자나 윌리엄스 그림, 고수미 옮김, 이정모 감수, 미세기, 2015)을 들 수 있다. 글은 『동물 박물관』의 저자 제니 브룸이 썼다. 서식지 중심의 책이다. 아마존 열대우림-대산호초 지대-치와와 사막-검은 숲-히말라야 산맥으로 대표되는 각종 기후에 따라 어떤 동물과 식물이 사는지 화려한 그림으로 보여준다.

지금까지 보여준 책들은 안타깝게도 자연사를 한눈에 보여주지는 못한다. 그런 점에서 『한눈에 펼쳐 보는 자연사 박물관』(크리스토퍼 로이드 글·앤디 포쇼 그림, 강형복 옮김, 키즈엠, 2015)은 집에 갖춰놓을 만한 책이다. 너비 2.38m짜리 병풍처럼 펼쳐지는 한 장짜리 책이다. 런던 자연사 박물관과 공동제작했으니 내용은 믿어도 된다.

광물 교양 과학서를
기다린다

내가 제일 좋아하는 고등학교 교과서는 『통합과학』이다. 작은딸의
시험공부를 도와주느라 보면서 감동받았다. 우리나라에도 이렇게
훌륭한 교과서가 있다니…. 그야말로 꿈의 교과서다. 통합과학 교과
서는 4부로 구성되어 있다. 하지만 흔히 짐작하는 것처럼 '물리-화
학-생물-지구과학'이란 식으로 단절되어 있지 않다. 만약 이런 식
으로 구성되어 있다면 네 명의 교사가 교대로 수업에 들어가면 간단
하다. 그런데 1부는 물질과 규칙성, 2부는 시스템과 상호작용, 3부
는 변화와 다양성 그리고 4부는 환경과 에너지로 구성됐다. 그리고
각 챕터에 네 분야의 과학이 절묘하게 섞여 있다.

1부 '물질과 규칙성'을 살펴보자. 여기에는 우주의 시작과 원소의 생성, 지구의 생명체를 이루는 원소의 생성, 원소들의 주기성, 화학 결합과 물질의 생성, 우리 주변의 다양한 물질, 지각과 생명체 구성 물질의 결합 규칙성, 생명체 구성 물질의 형성, 신소재의 개발과 환경이라는 소단원들이 있다. 이런 식으로 모든 챕터에 '물리-화학-생물-지구과학'이 통합되어 있다. 재밌다. 그런데 이걸 자신 있게 가르칠 수 있는 교사가 몇 퍼센트나 될지는 잘 모르겠다.

'과학 자판기'라는 별명에 나름 자부심을 갖고 있는 나도 살짝 막히는 부분이 있었다. 바로 암석과 광물에 관한 부분이다. 1부에 나오는 소단원 '지각과 생명체를 구성하는 물질'에서는 주요 규산염 광물의 결합구조가 나온다. 지구에는 규산염 광물이 가장 많다. 규소와 산소가 결합하면 규산염 사면체라는 기본 구조가 형성되는데, 규산염 사면체가 어떤 구조를 이루느냐에 따라 다양한 광물이 된다.

감람석은 독립형 구조, 휘석은 단사슬 구조, 각섬석은 복사슬 구조, 흑운모는 판상 구조, 석영과 장석은 망상 구조란다. 그냥 외워야 하는 내용이다. '통합과학'은 빅뱅에서 인간의 미래에 이르기까지 하나의 스토리로 펼쳐지는데 광물의 등장은 아무리 봐도 뜬금없다. 도대체 왜 광물과 원소를 같이 묶었을까?

이과생 중에서도 극히 일부만 배우는 『지구과학 II』에도 광물과 암석이 18쪽 정도 나오는데 전체 흐름에서 좀 어긋나 있다는 느낌을 지울 수 없다. 여기서는 광물과 원소는 같이 엮이지 않았다.

지질학 전공 대학생들이 보는 교과서 가운데 하나인 『생동하는 지구』(제4판, 브라이언 스키너 외 지음, 박수인 외 옮김, 시그마프레스, 2003)를 보자. 21챕터로 구성된 645쪽의 책이다. 제3장의 제목은 '원자, 원소, 광물'. 여기서도 광물을 원소와 같이 묶었다. 불과 44쪽의 분량으로 원자와 원소를 설명하고, 고체에서 원자의 배열이 어떠한지를 보여준다. 본문을 따라가다 보면 광물이라 불리기 위해서는 네 가지 조건을 갖추어야 한다는 것을 알게 된다. ① 자연적으로 생성된 것일 것 ② 고체일 것 ③ 일정한 화학조성을 가질 것 ④ 정해진 결정구조를 가질 것이 바로 그것이다.

아하!『통합과학』에서 광물이 빅뱅과 원소 그리고 화학 결합 다음에 나오는 이유가 있었다. 지구과학을 전공하지 않은 과학교사가 한 시간만 투자해서『생동하는 지구』제3장을 공부하면 머릿속에서 큰 그림을 그릴 수 있을 것 같다. 정말로 과학을 공부하는 데는 고등학교 교과서와 대학교 1학년을 위한 개론서가 최고다.

Why?
광물과 암석

우리가 살고 있는 지구는 목성이나 토성 같은 기체로 구성된 행성이 아니라 금성이나 화성처럼 암석으로 이루어진 행성이라서 생명들이 헤엄칠 수 있는 물을 담을 수 있고 발을 디딜 수 있는 땅을 형성할 수도 있다.

암석은 광물로 이루어진다. 요즘은 과학자들이 광물을 이야기하는 일이 드물지만 괴테와 다윈 시대만 해도 광물 수집은 과학에 방귀 좀 뀐다는 사람들의 주요 취미였다. 광물은 아름답다. 서대문자연사박물관 3층 끝부분에는 다양한 광물들이 전시되어 있다. 주요 구성 원소에 따라 광물이 전시되어 있지만 이걸 눈치채는 관람객은 거의 없다. 다들 아름다움에 경탄할 뿐이다. 광물의 이름은 수백 년 전부터 붙여졌기 때문에 과학적이라기보다는 문학적이다. 공작석, 호안석처럼 말이다.

광물에 반한 사람이라면 광물에 대해 공부하고 싶을 터. 그렇다면 무슨 책을 읽으면 좋을까? 물론 앞에 말한 고등학교와 대학교 교과서가 제일 좋다. 하지만 교과서라면 쳐다보기도 싫은 게 보통 사람들의 마음이다. 우리는 교양서에 중독되어 있다. 어떤 책으로 시작하는 게 좋을까?

태초에 만화가 있었다. 'Why?' 시리즈의 『암석과 광물』(조영선 글·이영호 그림, 조문섭 감수, 예림당, 2012)이 의외로 좋다(사실 'Why?' 시리즈는 전반적으로 좋다. 아이들에게만 좋은 게 아니라 어른에게도 유익하다). 도구를 사용하는 동물은 많다. 하지만 자연의 도구를 그대로 사용하지 않고 깨고 정교하게 다듬고 암석에서 원하는 광물만 빼내어 자연에 없는 도구로 만든 동물은 사람뿐이다.

책은 '암석과 광물의 차이'로 시작한다. 세라믹 회로판, 유리, 트랜지스터, 실리콘 튜브, 구리선, 알루미늄 강판은 모두 돌멩이로 만든다. 돌멩이는 암석이다. 그리고 암석 속에는 여러 가지 광물이 섞여 있는데 각각의 광물을 분리하면 우리에게 유용한 물질을 만드는 재료가 된다.

『생동하는 지구』 제3장에 나오는 광물의 조건이 『Why? 암석과 광물』에서는 다섯 쪽에 걸쳐 펼쳐진 그림으로 설명된다. 교과서를 읽지 않아도 이해하는 데 아무런 문제가 없다. 책은 우리 생활 속의 광물을 보여주더니 이내 광물의 이름으로 넘어간다. 광물의 이름은 광물의 특성이나 발견된 장소 또는 발견한 학자의 이름을 딴다. 암석과 광물은 항상 헷갈리는데 이름을 통해 확실히 구분하게 된다.

48쪽부터는 광물을 이루는 주요 성분이다. 『통합과학』에 나오는 규산염 사면체의 다양한 구조들이 형성된 원리가 간단하면서도 자세히 설명되어 있다. 55쪽의 비규산염 광물을 공부하면 서대문자연사박물관 3층의 광물 배열이 눈에 보일 것이다.

이어서 중학교 때 배우는 조흔색과 광택 그리고 쪼개짐을 설명하고 암석으로 넘어간다. 퇴적암, 화성암, 변성암 같은 암석은 비교적 쉬운 내용이라 중학교 과학 시간에서 배운 것이면 (대부분의 사람에게는) 충분하다.

'Why?' 시리즈는 아이들이 좋아한다. 허나 성인이 읽기에는 불필요한 캐릭터와 장치가 너무 많다. 청소년과 성인을 위한 깔끔한 과학 만화책 시리즈가 나오면 좋겠다.

광물,
그 호기심을 열다

서대문자연사박물관에서 광물과 구성 원소 사이의 관계를 잘 살펴봤다면 남양주의 우석헌자연사박물관과 성남의 민자연사연구소를 방문할 필요가 있다(두 군데 모두 사립이다. 민자연사연구소는 홈페이지와 전화 문의를 통해 개관 시간을 미리 확인해야 한다). 광물의 아름다움에 경탄하고 다양성과 규모에 압도될 것이다.

민자연사연구소의 이지섭 소장은 금속공학과를 졸업하고 삼성전자 부사장을 지낸 광물 수집가다. 애호가로 출발한 전문가라는 말이다. 광물에 대한 관심과 열정 그리고 재력을 바탕으로 훌륭한 컬렉션을 갖추었다. 하지만 자신의 광물을 세상 사람들에게 설명할 책을 찾지 못했다. 대부분 전공 서적이거나 아니면 보석에 치우친 내용이었다. 이럴 때는 직접 쓰는 게 가장 간단한 해결법이다.

그는 자신의 책『광물, 그 호기심을 열다』(동명사, 2018)에 광물에 얽힌 이야기를 풀어놓았다. 1부는 프롤로그다. 자신이 광물 수집가가 되고 또 이야기 수집가가 된 사연을 소개한다. 2부는 광물에 대한 일반적인 설명과 흔한 질의응답으로 구성되어 있다. 예를 들면 다이아몬드는 광물일까요?(천연 다이아몬드는 광물, 인공 다이아몬드는 광물이 아니다.) 진주나 호박도 광물일까요?(유기물은 광물이 아니다.) 소금도 광물일까요?(자연적인 암염은 광물이지만 사람들이 노동으로 얻은 천일염은 광물이 아니다.) 수은은 광물일까요?(액체지만 예외적으로 광물이다.) 비결정질인 오팔은 광물일까요?(예외적으로 광물로 인정한다.)

책의 6분의 5를 차지하는 3부는 그가 수집한 광물에 관한 이야기다. 광물을 '유용성', '아름다움' 그리고 '스토리'라는 표제어로 나누었다. 텍타이트는 운석이 지구에 엄청난 속도로 충돌할 때 그 열과 압력으로 암석이 녹아서 대기권 바깥으로 튕겨 나갔다가 다시 지구 대기권으로 낙하할 때 마찰열로 녹았다가 암석으로 굳어진 유리질 광물이다. 투명한 아름다움을 가진 리비아사막유리와 몰다바이트는 보석으로 활용된다. 이런 식이라면 그냥 이야기 책이다. 그런데 저자는 원소기호와 숫자를 포기하지 못해, 화학조성, 결정계, 밀도, 모스굳기를 표기했다. 민자연사연구소에 전시하고 있는 광물 사진도 담았다. 때문에 광물에 관한 이야기보다는 사전에 가까운 책이다.

광물, 역사를 바꾸다

자연사박물관들도 광물 코너에서는 최대한 과학적인 요소를 감추고 전시한다. 과학적인 요소를 드러내 봐야 이해하는 사람도 별로 없는 데다가 아주 멋진 표본이 아니면 눈길도 끌기 어려운 주제인데 일부러 재미없는 코너라고 강조하고 싶지 않기 때문이다. 관람객은 그저 광물의 아름다움에 매료되고 싶어 한다. 마찬가지로 해설도 광물의 과학보다는 광물에 '얽힌' 이야기를 더 듣고 싶어 한다.

자연사박물관의 해설사에게 안성맞춤인 책이 있다. 『광물, 역사를 바꾸다』(에릭 샬린 지음, 서종기 옮김, 예경, 2013)가 바로 그것. 에릭 샬린은 역사와 철학 관련 책을 쓰는 작가다. 규산염 사면체 구조라든지 화학조성 따위에는 관심이 없는 사람이다. 오로지 광물에 얽힌 흥미진진한 이야기만 담고 있다.

다이아몬드에서 시작해서 아연에 이르는 61가지 광물에 얽힌 이야기다. 시작이 다이아몬드라고 해서 천박하게 여기지는 마시라. 저자는 광물을 단순히 알파벳 순서로 배열했을 뿐이다. 첫 번째 광물인 다이아몬드의 광물명은 Adamas, 그리고 마지막 광물인 아연의 광물명은 Zink다.

구리[Aes Cyprium] 항목에서는 알프스에서 발견된 신석기인 외치와 함께 있었던 구리 도끼 이야기와 자유의 여신상 표면에는 녹청색 막이 형성되어서 부식되지 않는다는 이야기를 한다. 이야기는 흥미진진하다. 하지만 저자는 광물과 원소를 제대로 구분하지 못한 것처럼 보인다. 독자라면 아마도 구리가 들어 있는 공작석[Malachite]의 아름다움이나 남동석[Azurite]의 색깔에 얽힌 (이탈리아 축구 대표팀을 아주리 군단으로 부르는 이유 같은) 이야기를 기대했을 것이다. 괴테를 사로잡았던 광물을 현대인에게 재밌고 유익하게 풀어주는 책이 곧 나오기를 기대한다.

미생물에 관한
거의 모든 것

무엇이든 처음에 잘 배워야 한다. 어디 그게 쉬운 일인가? 잘못 가르치고 잘못 배우는 일이 잦다. 그렇다고 해도 언제든지 수정하면 된다. 그런데 좋아하고 존경하는 사람에게 잘못 배우면 두고두고 고치기가 어렵다. 내 경우에는 생물 분류가 그렇다. 중학교 2학년 때 생물 선생님이 좋았다(남자다! 물론 남자라서 좋은 건 아니었다). 선생님이 생물은 크게 '동물-식물-미생물'로 나눈다고 가르쳐주셨다. 움직이면 동물, 움직이지 않으면 식물, 그리고 동물과 식물이 아닌 것은 모두 미생물이라는 식이다. 아마 대학에서 동물학, 식물학, 미생물학을 따로 배우셨기 때문일 것이다. 사실 미생물학은 분류체계에 속하지 않는다. 생물은 크게 진핵생물과 원핵생물로 나눈다. 염색체가 핵막 안에 들어 있고 다양한 소기관이 있는 세포로 이루어진 생물을 진핵생물이라고 한다. 진짜 핵이 있다는 뜻이다. 원핵생물은 원시적인 핵이 있는 생물이라는 뜻인데, 핵막이 없고 소기관도 없는 세포로 이루어졌다.

사람을 비롯한 동물과 식물은 진핵생물이다. 그렇다면 미생물은? 그냥 작은 생물이라는 뜻이다. 현미경이 있어야만 보이는 생물을 말한다. 당연히 1673년 레이우엔훅이 현미경을 발명한 다음에야 알려졌다. 미생물에는 진균Fungi, 원생동물Protozoa, 세균Bacteria, 바이러스Virus, 조류Algae 등이 있다. 이들 사이에는 작다는 것 빼놓고는 이렇다 할 공통점이 없다. 진균과 원생생물 그리고 대부분의 조류藻類는 진핵생물이다. 세균과 일부 조류는 원핵생물이다. 바이러스는 진핵생물도 아니고 원핵생물도 아니다. 이걸 고3이 되어서야 확실히 알았다. 그전에도 이 사실을 깨우쳐준 선생님이 계셨겠지만 내 귀에 들어오지 않았다. 중2 이후 고3이 되어서야 마침내 더 좋은 생물 선생님을 만났던 것이다.

내가 제일 좋아하는 미생물 관련 책은 『나는야 초능력자 미생물』(이정모 글·김유대 그림, 웅진주니어, 2012)이다. 4~6세용 유아학습 그림책이다. 미생물은 초능력자다. 이렇게 말할 수 있는 이유가 있다. 첫 번째 이유는 아무 곳에서나 살 수 있기 때문이다. 펄펄 끓어오르는 화산에서도 산다. 수천 미터 바닷속에도 살고 무시무시한 방사능 폐기물에서도 산다. 그 수도 엄청 많다. 손톱 위에는 1000억 마리의 미생물이 산다. 우리 몸에는 100조 마리의 미생물이 있다. 두 번째 이유는 번식 속도다. 박테리아 한 마리가 6시간만 지나면 지구 인구보다 많아진다. 세 번째 이유는 지구에서 가장 먼저 생겨난 생명체라는 것이다. 박테리아가 지구에 등장한 때는 38억 년 전이다. 글은 누구나 쓸 수 있는 빤한 내용이지만 그림이 끝내준다. 미생물들의 특징을 직관적으로 보여주면서도 아름답다.

미생물학 입문서로 가장 추천할 만한 책은 주니어김영사의 '앗, 이렇게 재미있는 과학이!' 시리즈에 들어 있는 『미생물이 미끌미끌』(닉 아놀드 글·토니 드 솔스 그림, 이충호 옮김, 주니어김영사, 2007)이다. 현미경 이야기로 시작해서 현미경 이야기로 끝난다는 점이 흥미롭다. 책의 절반이 현미경 이야기다. 현미경을 빼고서 미생물 이야기를 할 수 없다는 사실을 잘 알려준다. 단원마다 따라 하기 코너가 있어서 체험을 통해 개념을 잡아가는 데 도움이 된다.

현미경이 등장하기 전에도 미생물은 우리와 함께 살고 있었다. 동화작가 유다정은 『놀라운 미생물의 역사』(최서영 그림, 황상익 감수, 다산북스, 2008)에서 미생물과 질병의 역사를 풀어낸다. 투탕카멘의 저주, 유럽을 공포에 떨게 한 흑사병, 유럽 노예제도를 뒤흔든 황열, 나폴레옹 군대의 운명을 바꾼 발진티푸스 등을 다룬다. 역시 레이우엔훅의 현미경과 파스퇴르의 실험을 계기로 과학으로서의 미생물을 보여준다. 책 말미에는 미생물이 산업에 어떻게 쓰이는지 앞으로 환경문제를 해결하는 데 어떤 역할을 할지도 차분히 설명한다.

아동서 두 권을 읽었다면 중학교 수준의 미생물학 지식을 회복한 셈이다. 본격적으로 미생물의 세계로 들어갈 때는 과학사의 시각으로 쓴 책이 좋다. 『미생물 사냥꾼』(폴드 크루이프 지음, 이미리나 옮김, 반니, 2017)은 놓칠 수 없다. 최초로 미생물의 세계를 보았던 레이우엔훅부터 매독치료제 살바르산을 발견한 에를리히까지 미생물과의 싸움에서 승리하고 인류를 구한 열세 명의 미생물 사냥꾼 이야기 열두 편이다. 초기 미생물학자들이 과학이라는 이름으로 눈에 보이지 않는 미생물을 발견하고 실험을 통해 감염 경로를 밝히고 마침내 예방법을 찾아내는 과정을 재치 있게 보여준다.

"수천 명의 연구자가 포식세포가 해로운 세균을 잡아먹는 것을 목격했다. 하지만 어떤 사람은 폐렴균의 공격을 받아 사망하는데 어떤 사람은 땀이 나다가 회복되는지를 전혀 설명하지 못했다. 그래도 폐렴균이 가끔씩 포식세포에게 먹혀서 제거된다는 것은 의심받지 않았다. 그러므로 여러분이 메치니코프의 놀라운 불합리성, 편협성, 그리고 완고함을 다 에누리한다고 해도 그는 인류의 고통을 줄이고 삶을 더 편안하게 만들지도 모르는 발견을 실제로 했던 것이다. 언젠가는 몽상가, 멍해 보이는 보르데처럼 실험을 하는 천재가 나타나서 왜 포식세포가 어떤 때는 세균을 먹고 어떤 때는 먹지 않는지에 대한 수수께끼를 풀지도 모른다. 어쩌면 그가 항상 포식세포가 세균을 잡아먹도록 가르칠지도 모르는 일이다." 원서가 1926년에 나왔기에 조금 이상하게 보일지도 모르겠다. 하지만 여전히 읽어야 하는 책이다. 과학자나 의학자가 되고 싶은 사람뿐만 아니라 과학책 애호가 또는 과학자라면 꼭 한 번은 읽어야 하는 필독서다.

파브르의 『곤충기』, 오듀본의 『북미의 새』 등 고전이 주는 감동과 지식은 여전하다. 하지만 과학에서는 고전이 갖는 한계 역시 뚜렷하다. 미생물학처럼 매우 빠르게 발전하는 분야에서는 더욱더 그러하다. 90년 전에 『미생물 사냥꾼』이 있었다면 이제는 『미생물에 관한 거의 모든 것』(존 L. 잉그럼 지음, 김지원 옮김, 이케이북, 2018)이 있다. 존 L. 잉그럼은 미국 미생물학회 회장을 역임한 세계적인 미생물 연구가이자 자연주의자다.

존 잉그럼은 현미경이나 과학자가 아니라 미생물 자체에 집중한다. 그는 생물학과 학부생이 공부하는 미생물학 교과서 저자이기도 하다. 『미생물에 관한 거의 모든 것』의 구성은 대학 교과서의 순서와 비슷하다. 그런데 비전공자도 읽을 수 있는 교양서로 풀어냈다. 놀랍고 부러운 능력이다. 4장 「미생물의 더부살이」는 '공생'을, 그리고 5장과 7장은 질소와 황, 탄소를 순환시키는 미생물을 다룬다. 교과서 대신 읽어도 괜찮을 것 같다. 하지만 절대로 어렵지는 않다. 본격적인 재미는 8장, 14장에 펼쳐진다. "많은 미생물들이 우리가 믿을 수 없을 만큼 극단적이라 생각하는 장소에서 번성한다. 이런 환경은 생명에 치명적으로 여겨진다. 하지만 어떤 미생물들에게는 그

렇지 않다. 이런 환경에서 번성하는 미생물은 대부분 고세균이고 몇
몇은 박테리아이다. 이들을 통칭하여 극한생물이라고 한다." 여기
서 '고세균'이라는 중요한 개념이 등장한다. 대부분의 독자들은 학
교에서 배우지 않았을 것이다. 나도 대학에서조차 배운 적이 없다.
요즘은 생물을 크게 3개의 역域, domain으로 구분한다. 세균과 고세균
그리고 진핵생물이 그것이다. 눈치챘겠지만 세균과 고세균은 원핵
생물이다. 고세균은 일부는 세균과 비슷하고 일부는 진핵생물과 비
슷하다. 이 차이는 이끼와 사람의 차이보다 크다. 세균과 고세균의
공생에서 진핵생물이 진화했다고 여겨진다.

애매한 바이러스

현미경으로만 보이는 작은 생명체
를 미생물이라고 한다. 바이러스도 아주 작은 놈이다. 그런데 작아
도 너무 작다. 바이러스는 박테리아(세균) 크기의 100분의 1밖에 안
된다. 따라서 광학현미경으로는 잘 보이지 않고 전자현미경으로 봐
야 한다. '바이러스를 과연 생물이라고 봐야 하는가'라는 문제가 있
다. 왜냐하면 생명의 기본 단위는 세포인데, 바이러스는 세포로 이
루어져 있지 않기 때문이다. 유전정보를 담고 있는 DNA 또는 RNA
가 단백질 껍질 속에 들어 있는 게 전부다. 혼자서는 아무런 생명작
용을 하지 못한다. 그저 자신이 원하는 것을 다른 세포에게 시킬 뿐

이다. 존 잉그럼도 여러 챕터에 걸쳐서 바이러스를 설명하고 있지만 모든 궁금증을 해소해주지는 못한다. 바이러스는 따로 다룰 필요가 있다. 『바이러스 행성』(칼 짐머 지음, 이한음 옮김, 위즈덤하우스, 2013) 은 145쪽에 불과한 아주 짧은 책이다. 『핀치의 부리』(양병찬 옮김, 동아시아, 2017)를 쓴 조너선 와이너는 "이 책은 바이러스의 숙주 역할을 해본 적이 있는 이 행성의 모든 사람의 흥미를 끌 것이다. 너무나 명쾌하고, 탁월한 혜안이 돋보이며, 처음부터 끝까지 흥미를 자극한다"고 평했다. 전혀 과장이 아니다. 모든 지구인은 바이러스의 숙주로 살아간다. 그런데 그 사실을 전혀 불쾌하지 않게 풀어냈다. 많은 암의 원인이 바이러스라는 사실이 속속 밝혀지고 있다.

"레트로바이러스의 유전물질은 실수로 숙주 유전체의 엉뚱한 곳에 삽입되면 암을 일으키곤 한다. 레트로바이러스의 유전체에는 주변에 있는 유전자들을 활성화시키는 '켜짐 스위치'가 있다. 즉 숙주 세포의 유전체 중 어느 부위에 삽입되든 간에, 이 스위치는 주변에 있는 숙주 세포의 유전자들을 켜서 단백질을 만들게 한다. 숙주 유전자가 꺼져 있어야 할 때 이 스위치가 유전자를 켜면, 암이 생길 수도 있다."(84쪽) 멋진 책이다. 이 책을 읽고 바이러스에 흥미가 생긴다면 『바이러스 사냥꾼』(피터 피오트 지음, 양태언 외 옮김, 아마존의나비, 2015)을 강력하게 추천한다. 500쪽이 넘는 책인데, 현대의 치명적 유행병인 동시에 수수께끼인 에볼라와 에이즈의 유행에 대한 연대기라고도 할 수 있다.

새의 삶으로 걸어 들어간 생명과학자

『동고비와 함께한 80일』
김성호 지음, 지성사, 2010

『큰오색딱따구리의 육아일기』
김성호 지음, 웅진지식하우스, 2008

『까막딱따구리 숲』
김성호 지음, 지성사, 2011

『나의 생명 수업』
김성호 지음, 웅진지식하우스, 2011

『우리 새의 봄, 여름, 가을, 겨울』
김성호 지음, 지성사, 2017

에너지의 과거, 현재, 미래

『아톰의 시대에서 코난의 시대로』
강양구 지음, 사이언스북스, 2011

『미래에서 온 편지』
리처드 하인버그 지음,
송광섭·송기원 옮김, 부키, 2010

『에너지 노예, 그 반란의 시작』
앤드류 니키포록 지음, 김지현 옮김,
황소자리, 2013

『대통령을 위한 에너지 강의』

리처드 뮬러 지음, 장종훈 옮김,
허은녕 감수, 살림, 2014

『한국 원전 잔혹史』

김성환·이승준 지음,
철수와영희, 2014

『휴먼 에이지』

다이앤 애커먼 지음,
김명남 옮김, 문학동네, 2017

창조과학을 읽자

『기원과학』

한국창조과학회 지음, 두란노, 2003

『창조과학 콘서트』

이재만 지음, 두란노, 2006

『30가지 테마로 본 창조과학』

한국창조과학회 지음,
생명의말씀사, 2010

『지적 설계』

윌리엄 뎀스키 지음, 서울대학교 창조
과학연구회 옮김, IVP, 2002

『다윈의 블랙박스』

마이클 베히 지음, 김창환 외 옮김,
풀빛, 2001

동물원에 투사된 인간의 욕망을 읽다

『동물원』
토머스 프렌치 지음,
박경선·이진선 옮김, 에이도스, 2011

『동물원 기행』
나디아 허 지음, 남혜선 옮김,
어크로스, 2016

『유학자의 동물원』
최지원 지음, 알렙, 2015

『동물원 동물은 행복할까?』
로브 레이들로 지음, 박성실 옮김,
책공장더불어, 2012

『동물원에서 프렌치 키스하기』
최종욱 지음, 반비, 2012

『달려라 코끼리』
최종욱·김서윤 지음, 반비, 2014

북극을 읽다

『아틱 노트』
이유경 편저, 지오북, 2018

『아이스 파인더』
에드먼드 블레어 볼스 지음,
김문영 옮김, 바다출판사, 2003

『극지과학자가 들려주는
툰드라 이야기』
이유경·정지영 지음, 지식노마드, 2015

『북극곰은 걷고 싶다』
남종영 지음, 한겨레출판, 2009

『극지 해빙의 과학』
최경식 글·사진, 지오북, 2013

『남극 탐험의 꿈』
장순근 지음, 사이언스북스, 2012

『남극은 왜?』
김웅서·장순근 지음, 지성사, 2016

『남극을 살다』
장보고기지 1차 월동대원 지음,
지식노마드, 2016

그냥 가지고만 있어도 행복한 책들

『동물 박물관』
케이티 스콧 그림·제니 브룸 글,
이한음 옮김, 비룡소, 2017

『식물 박물관』
케이티 스콧 그림·캐시 윌리스 글,
이한음 옮김, 비룡소, 2018

『주머니 속 풀꽃도감』
이연득·정현도 지음,
황소걸음, 2015

『주머니 속 민물고기 도감』
윤순태 지음, 황소걸음, 2007

『한국의 새』
이우신·구태회·박진영 지음,
타니구찌 타카시 그림, LG상록재단, 2014

『한국 식물 생태 보감』
김종원 지음, 자연과생태, 2013

『웅진 세밀화 식물도감』
심조원 글·김시영 외 그림,
김진석 감수, 호박꽃, 2012

『자연의 예술적 형상』
에른스트 헤켈 지음, 엄양선 옮김,
이정모 해설, 그림씨, 2018

『동물 철학』
장 바티스트 드 라마르크 지음,
이정희 옮김, 지만지, 2014

『원더 가든』
제니 브룸 글
크리스트자나 윌리암스 그림,
고수미 옮김, 이정모 감수, 미세기, 2015

『한눈에 펼쳐 보는 자연사 박물관』
크리스토퍼 로이드 글
앤디 포쇼 그림, 강형복 옮김,
키즈엠, 2015

광물 교양 과학서를 기다린다

『통합과학』 교과서
비상교육

『생동하는 지구』
제4판, 브라이언 스키너 외 지음,
박수인 외 옮김, 시그마프레스, 2003

『Why? 암석과 광물』
조영선 글·이영호 그림,
조문섭 감수, 예림당, 2012

『광물, 그 호기심의 문을 열다』
이지섭 지음, 동명사, 2018

『광물, 역사를 바꾸다』
에릭 살린 지음, 서종기 옮김, 예경, 2013

미생물에 관한 거의 모든 것

『나는야 초능력자 미생물』
이정모 글·김유대 그림,
웅진주니어, 2012

『미생물이 미끌미끌』
닉 아놀드 글·토니 드 솔스 그림,
이충호 옮김, 주니어김영사, 2007

『놀라운 미생물의 역사』
유다정 글·최서영 그림,
황상익 감수, 다산북스, 2008

『미생물 사냥꾼』
폴 드 크루이프 지음, 이미리나 옮김,
반니, 2017

『미생물에 관한 거의 모든 것』
존 L. 잉그럼 지음, 김지원 옮김,
이케이북, 2018

『바이러스 행성』
칼 짐머 지음, 이한음 옮김,
위즈덤하우스, 2013

『핀치의 부리』
조너선 와이너 지음, 양병찬 옮김,
동아시아, 2017

『바이러스 사냥꾼』
피터 피오트 지음, 양태언 외 옮김,
아마존의나비, 2015

2단

섬세한 시선을 지닌 과학 커뮤니케이터,

이은희의 책장

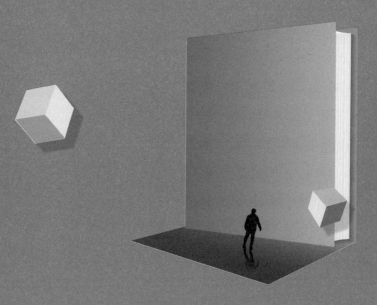

여성의 진화,
혹은 본성

세상 모든 것을 가진 듯한 남자가 있다. 뛰어난 능력을 지닌 과학자인 동시에 사랑하는 아내와 딸이 있는 완벽한 가정을 지닌 남자. 완벽한 그의 삶에서 딱 한 가지 아쉬운 점이라면 연구를 위해 일시적으로 가족과 떨어져 정글에서 지내는 시간이 많았다는 것이다. 그의 연구 분야는 아프리카의 해충인 체체파리[1], 정확히는 체체파리를 멸종시키는 획기적인 방법을 연구하는 것이었기 때문이었다. 화학적

---

1 체체파리(Tsetse fly)는 척추동물의 피를 빨아먹고 사는 흡혈성 곤충이다. 모기가 흡혈 과정에서 말라리아 원충이나 뇌염 바이러스를 매개하는 것과 비슷하게, 체체파리는 트리파노소마라는 원생생물의 중간숙주로 알려져 있다. 체체파리에 의해 매개되는 트리파노소마에 감염되면, 사람은 중추신경계가 망가지면서 성격 변화, 발작, 무력증 등을 겪다가 사망하게 된다. 이 때 신경계의 파괴로 인해 의식이 없는 수면 상태가 지속되는 증상이 나타나 '수면병'이라는 이름으로 불리기도 한다.

살충제는 이미 60여 년 전 레이첼 카슨의『침묵의 봄』이 고발했듯 득보다 실이 큰 방법이었고, 대안으로 떠올랐던 천적을 이용한 해충 방제법은 외래종의 유입으로 인한 생태계 교란 문제에 비해 효과는 미흡하다는 것이 드러난 뒤였다. 그는 체체파리를 극적으로 퇴치하면서도 환경에 대한 피해는 최소화하고자 인공적으로 불임 처리된 암컷들을 이용해 체체파리의 번식을 막는 방법을 개발하는 데 성공한다. 번식하지 못하는 생물은 멸종하는 것이 당연하다. 이 방법은 생태계의 다른 구성원뿐 아니라 환경에 미치는 영향을 최소화한 채, 자연에서 필요 없는(인간에게 필요 없다고 생각되는) 바로 그 한 조각만 정확히 들어내는 매우 합리적이고 효율적인 방법이었다. 연구는 순조롭게 진행되어 체체파리는 멸종 직전으로 내몰리고, 남자는 그리운 가족의 품으로 돌아가기 위한 채비를 서두른다.

그즈음, 그가 있는 정글 바깥쪽 세상에 이상한 일들이 일어난다. 갑자기 세상 모든 남성들이 집단적으로 여성 혐오 바이러스에라도 감염된 듯 모든 여성들을 향해 극단적인 분노와 공격성을 드러내기 시작한 것이다. 매일같이 수많은 여성들이 벌레처럼 죽어나가고 있었다. 남자는 아내와 딸의 안위가 미칠 듯이 걱정되어 집으로 돌아가려 하지만, 그 역시도 극단적인 여성 혐오증에 감염되어 자신을 찾아온 딸을 죽이고는 미쳐버리고 만다. 도대체 이 끔찍한 아수라장은 누가 만들어낸 것일까.

과학의 눈조차도
왜곡되어 바라보다

"그건 아마도 부동산업자였던 것 같아요." 그랬다. 인류의 절반이 죽어나가고서야 밝혀진 지옥도의 막후 조종자는 외계에서 온 부동산업자였다. 은하계의 큰손들에게 지구를 중개한 부동산업자는 고객의 편의를 위해 지구 환경을 갉아먹는 해충, 다시 말해 인간의 박멸을 시작한 것이었다. 그는 환경을 망치고 자연을 훼손시킬 수 있는 화약이나 원자폭탄 대신, 인간 남성이 인간 여성을 공격하는 정신병을 확산시킨다. 번식하지 못하는 생물 종은 멸종한다. 앞서 남자가 체체파리들을 그렇게 멸종시켰듯이 말이다. 제임스 팁트리 주니어의 『체체파리의 비법The Screwfly Solution』(이수현 옮김, 아작, 2016)의 내용이다.

이 짧고도 아이러니한 소설을 접했을 때, 이 소설의 작가는 당연히 여자일 것이라고 생각했다. 여성이 아니고서는 이런 생각을 할 수가 없다는 막연한 느낌이 들었기 때문이었다. 하지만 작가명이 쓰여진 부분에는 제임스 팁트리 주니어라는 남성의 이름이 달려 있었다. 그래서 궁금해졌다. 더없이 여성의 관점에서 소설을 쓰는 그 남성이, 더구나 그 아버지가 자신의 이름을 그대로 물려줄 만큼 자랑스럽게 여겼을 그 아들이 궁금했다. 하지만 이 이름은 필명이었고, 예상한 대로 여성이었다. 그녀의 본명은 앨리스 브래들리 셸던 (1915~1987). 그녀는 자신의 이름이 주는 불필요한 오해와 논란에서 자유로워지고자 남성의 이름을 차용했음을 밝힌 바 있다.

언젠가부터 '여성 혐오증misogyny'이라는 단어가 심심치 않게 들린다. 솔직히 말해 인류의 기록 유산에서 남성과 여성이 동등한 대우를 받은 기록을 거의 본 적이 없기에 새삼스러울 것도 없는 단어이다. 하지만 그 단어가 바로 지금 이 시대에 확산되는 현상의 함의는 작지 않다. 지난 세월 수많은 노력과 희생을 통해 투표할 권리를 얻고 교육할 기회를 가지고, 남녀의 차이가 그리 크지 않음을 보여주는 수많은 증거들이 알려졌음에도 불구하고, 여전히 이 사회에서 여성이라는 소속은 '제2신분'에 속한다는 인상을 지울 수 없으며, 오히려 더욱더 매정하고 교묘한 방법으로 세를 불리는 듯한 느낌이 들기 때문이다. 그것은 꼭 '강남역 살인사건'이나 '울산 삼산동 살인사건'처럼 불특정 여성을 대상으로 한 잔혹한 범죄나 '된장녀'로 대표되는 여성에 대한 비하나 조롱만이 전부는 아니다. '아름다운 S라인'처럼 여성의 신체를 미화하는 동시에 성적 대상물로 전락시키거나, 연약한 여성을 보호한다는 명분으로 유리 벽 너머 '안전한 곳'에만 머물게 하는 것도 크게 봐서는 여성 혐오의 세련된 변형일 수 있다. 여성 혐오라는 단어가 불편하고 부담스럽다면 '여성에 대한 불평등'으로 바꿔도 된다. 차별의 근본은 어떤 방향이든 간에 여성을 남성과 동등한 인격적 주체로 인정하지 않는 데서 시작하기 때문이다.

이 땅에서 여성의 몸을 가지고 태어나, 수십 년간 여성의 정체성을 가지고 살아오면서 내가 한 명의 '인간'으로 대우받는 것이 아니라 하나의 '여자'로만 인식되는 경험은 너무나 당연한 일이었다. 무언가 잘못되었다는 생각은 들었지만, 어디서부터 풀어야 할지 알 수 없었다. 과학도가 되면서 어쩌면 과학이 그 답을 줄 수 있을지도 모른다는 희망을 품기도 했다. 적어도 과학은 다를 줄 알았다.

아무리 과학이라는 영역이 원래부터 남성들의 필드였고, 절대 다수의 과학자들의 생물학적 성별이 남성이라 하더라도, 그래도 객관적이고 공정하며 진리를 추구한다는 과학은 최소한 남성과 여성이 동등한 인격을 가진 지적 생명체라는 과학적 증거를 찾아낼 것이라고 여겼으니까. 하지만 이 최후의 믿음이 깨져나가는 데는 그리 오래 걸리지 않았다.

당대 최고의 정신의학자이자 인간 본성의 주요한 이해 통로인 무의식의 영역을 개척한 프로이트는 여성들이 자신에게는 없는 '남근 선망'으로 자신이 뭔가 부족함을 본능적으로 깨닫고 이를 충족시키기 위해 임신을 원한다는, 여성의 입장에서는 도무지 받아들일 수도 이해할 수도 없는 주장을 하고 있었고, 『털 없는 원숭이』(김석희 옮김, 문예춘추사, 2011)를 통해 인간의 생물학적 특성으로부터 사회와 문명 구조의 파생을 날카롭게 분석해낸 데즈먼드 모리스는 여성의 유방이 직립 보행을 시작한 인류의 조상 암컷이 수컷의 눈높이에서 벗어난 엉덩이를 대신해 몸의 상반신 위쪽에 발달시킨 엉덩이를 닮은 구조물이라는 기묘한 주장을 펼치고 있었다(아니, 인류의 수컷 조상들은 단체로 목 디스크라도 걸렸단 말인가, 눈을 조금만 내리까는 게 그토록 어려운 일이었을까). 이 밖에도 다양한 주장들이 제시되었으나 이들 대부분이 '사냥꾼 남성과 살림꾼 여성', 즉 남성이 가져오는 고기와 보호 서비스의 대가로 섹스를 팔고 아이를 선사하는 종속자 혹은 도구로써의 여성의 모습을 변주한 것의 연속이었다. 그저 누가 더 노골적이냐, 누가 더 세련되게 미화시켰느냐의 차이뿐. 가장 공정하고 객관적으로 사물을 바라본다고 주장하는 '과학의 눈'조차도 그 눈을 통해 세상을 바라보는 이들의 성별에서 자유롭지 못했던 것이다.

거품을 걷어내고 스스로의 목소리로 말하는 법을 익힌 여성들

저자가 두 아이를 낳고 아이들에게 젖을 먹여 키운 경험에서 시작해, 여성에게만 기능하는(남성도 유선이 있지만 기능하지는 않는다) 유선과 유방의 이야기를 다룬 『가슴 이야기』(플로렌스 윌리엄스 지음, 강석기 옮김, MID, 2014), 움직이는 자궁에 대한 상상이 불러온 여성의 몸에 대한 잔혹사를 다룬 『자궁의 역사』(라나 톰슨 지음, 백영미 옮김, 아침이슬, 2001), 세상에서 가장 소중한 곳이지만 동시에 가장 더러운 곳이며, 가장 아름다운 기능을 가지지만 가장 잔인한 속성을 지녔다고 여겨진 여성 성기에 대한 오랜 오해를 끝내고 스스로의 몸을 사랑하는 방법을 통해 '바디 페미니즘'이 자리잡길 원하는 『마이 버자이너』(옐토 드랜스 지음, 김명남 옮김, 동아시아, 2017), 여성을 동등한 주체로 인정하지 않으면서도 의학적인 접근에 있어서만큼은 남성과 동일하게 치부하는 이중 차별에 대해 꼬집은 『이브의 몸』(메리앤 리가토 지음, 임지원 옮김, 사이언스북스, 2004), 힘들여 밝혀낸 최신의 생물학적 이론들을 실제 여성의 몸과 그 몸을 다룬 과학의 최전선 분야에 적응해 조목조목 풀어낸 『여자, 내밀한 몸의 정체』(나탈리 앤지어 지음, 이한음 옮김, 문예출판사, 2017), 아이를 가진 생물학과 교수가 바다와 같은 논문의 홍수 속에 정작 지금 자신이 겪고 있는 입덧과 각종 임신 증상을 다룬 체계적 연구가 극히 드물다는 것을 깨닫고 닥치는 대로 자료를 모았던 경험이 담긴 『모성 혁명』(개정판, 산드라 스타인그래버 지음, 김정은 옮김, 바다출판사, 2015) 등 여성의 몸에 대한 과학적 접근을 책으로 풀어쓴 이들은 모두 여성이었다.

인류학적 진화론을 다룬 책도 마찬가지다. 『인류의 기원』(이상희·윤신영 지음, 사이언스북스, 2015)이 그토록 술술 읽혔던 건, 저자들의 탁월한 글솜씨에 기댄 바도 크지만 여성 인류학자가 인류를 바라보는 시선이 내게는 더욱 편안하게 느껴졌기 때문이기도 하다. 여성의 몸과 진화를 다룬 과학책 중 많은 것이 여성에 의해 쓰여졌는데, 아마도 경험할 수 없는 것을 쓰기는 더더욱 어려운 인간의 한계로 이해할 수 있을 것이다. 물론 아주 없지는 않다. 『지나 사피엔스』(레너드 쉴레인 지음, 강수아 옮김, 들녘, 2005)에서 생물학적으로 남성인 저자는 인류 진화의 기본 관점인 '사냥꾼 남성과 살림꾼 여성'의 구도에서 크게 벗어나지는 못하지만, 남성이 우월함을 바탕으로 여성의 지배자가 된 것이 아니라 여성이 현명함을 바탕으로 남성을 위험을 감수하는 사냥꾼으로 길러내었다는 주장을 펼친다. 즉, 슬기로운 사람homo sapiens라는 별칭은 그가 아닌 그녀Gyna sapiens의 몫이었다는 것이다. 흥미로운 주장이긴 하지만, 동시에 그런 이유로 뭔가 껄끄럽다. 대다수의 여성들이 원하는 건 남성 우월주위에 대항하는 여성 우월주의가 아니라, 그저 동등한 인격체로 같은 선상에 있기를 원하는 것이니까.

그런 점에서 눈길이 가는 책은 『어머니의 탄생』(세라 블래퍼 허디 지음, 황희선 옮김, 사이언스북스, 2010)이다. 랑구르원숭이 수컷의 영아 살해 현상을 연구하기 위해 밀림으로 떠났던 젊은 과학도는 오랜 관찰과 연구를 통해 수컷의 영아 살해가 '도살자 수컷과 피해자 암컷', 인간으로 치자면 '정복자 남성과 전리품 여성'의 구도만으로는 설명하기 어렵다는 사실을 깨닫는다. 겉으로 보기엔 수컷의 유전자에게만 지나치게 유리하게 보이는 이 현상에 사실은 암컷이 적극적으로 개입했다는 증거들을 찾아낸 것이다. 다시 말해 암컷은 흉포한 정복자의 손에 속수무책으로 아이를 잃은 비참한 어미가 아니다. 그보다는 수컷과 마찬가지로 욕망과 실리 계산을 통해 이 범죄를 적극적으로 방조하며, 자신이 가진 성적 권리를 통제함으로써 성적 독립성을 확보하고 이후 일어날 힘과 권력의 지배 구조에 능동적으로 참여하는 냉정한 전략가에 가까웠다.

저자는 이미 1981년『여성은 진화하지 않았다』(유병선 옮김, 서해문집, 2006)를 통해 이 같은 사실을 한 번 풀어낸 바 있으며('사라 블래퍼 흘디'라는 다른 발음으로 표기되었지만 같은 저자다), 그 이후 더욱 많은 사례와 증거들을 크게 망라한 책이 바로 '어머니 자연Mother Nature', 즉『어머니의 탄생』이다. 이 책은 다윈주의의 대표적 속성인 경쟁과 자연선택, 멸종과 진화의 개념을 자애와 나눔, 보살핌과 사랑으로 대표되는 모성이라는 반대적 속성과 절묘하게 결합시켰다는 평가를 받는다. 냉정한 자연에서 그나마 한 줄기 위로가 되는 모성의 신화가 사실은 허구이며, 실제로는 '자신의 생존과 자손의 번성'이라는 이율배반적인 본능적 욕구를 동시에 충족시켜야 하는 암컷이 벌이는 정교하고도 복잡한, 아슬아슬하지만 성공적인 줄타기의 결과라는 사실을 말이다. 이 책에서 저자는 모성의 신화를 낱낱이 해체해 드러내고, 이를 통해 우리는 거품을 걷어낸 여성과 모성의 모습을 날 것 그대로 마주하게 된다. 여성woman의 욕망 역시 남성man으로 대변되는 인간man의 욕망과 결코 다르지 않다는 아주 당연한 사실을 말이다.

내면의
아름다움을 찾아

붉은 옷을 입고 엄숙한 표정을 지은 수십 명의 남성 앞에 한 여인이 서 있었다. 그녀의 이름은 프리네Phryne. 현재 그리스 전역에서 가장 인기 높은 헤타이라였지만, 아프로디테 여신을 모욕했다는 신성모독죄로 기소되어 재판을 받는 중이었다. 시간이 갈수록 재판은 점점 그녀에게 불리하게 진행되고 있었다. 이대로 가다가는 그녀는 유죄 판결을 받을 것이고, 그에 합당한 징벌로 목숨을 잃게 될 것이 뻔해지자, 그녀의 변호인이자 프리네를 사랑하고 있던 히페리데스는 점점 속이 타들어갔다. 뭔가 이 상황을 역전시킬 회심의 카드가 필요했다. 그리고 마지막 순간, 비밀의 카드는 바로 프리네 자신이라는 사실을 히페리데스는 깨달았다. 그리고 그는 망설임 없이 그녀가 걸

〈프리네의 재판〉, 장 레옹 제롬 작, 1861

치고 있던 허름한 옷을 힘차게 잡아당겼다.

그녀를 가리던 칙칙한 천 조각이 사라지며 눈부시도록 아름다운 나신이 드러나는 순간, 소리는 없으나 파장은 큰 술렁임이 재판정을 가득 메웠다. 변호사의 깜짝쇼에 대한 놀람은 분노가 아니라 감탄으로, 나아가 수긍으로 이어졌다. 그리고 배심원들은 만장일치로 무죄 판결을 내렸다. "그녀의 아름다움은 감히 인간의 것이라고는 볼 수 없을 만큼 완벽하다. 따라서 신의 완벽한 창조물인 그녀가 감히 신성모독을 행했을 리 없다"는 것이 그 이유였다.

프리네에 대한 이야기는, 아름다움에 미혹되기 쉬운 인간의 나약함과 아름다움이 지닌 강력한 권위에 대한 찬사라는 상반된 의미로 오래도록 읽혀왔다. 그 찬사의 대상 중 하나는 단연코 인간의 몸이 지닌 아름다움이었다. 하지만 인간의 육체에 대한 찬사는 곧 스러질 허무함을 배경으로 깔고 있는 경우가 많다는 것이다. 영겁의 세월을 견디는 자연과는 달리 짧은 생을 살며, 연약하고 상처 입기 쉬운 인간의 몸은 스쳐가는 찰나의 아름다움에 불과해 더욱 애잔한 멋이 있달까. 그렇기에 미인을 찬양하는 노랫가락의 수만큼 인생사 덧없음과 허무함을 읊조리는 시구도 많다. 진짜 아름다움은 외면이 아니라 내면에 있다면서 말이다. 하지만 그 피부 한 겹 아래 감춰진 내면의 아름다움이란 것이 꼭 비非물질적일 필요는 없지 않을까.

거죽 아래의 아름다움

사실 인체, 아니 나아가 생명체가 지닌 진짜 아름다움은 외면이 아니라, 그 얇고 (혹은 두툼하고) 아무것도 덮여 있지 않은 (혹은 털북숭이거나 축축한 점막이나 반짝이는 비늘로 뒤덮인) 거죽 아래 존재하고 있다. 탄소와 수소와 산소와 질소가 거의 대부분을 차지하는 유기물 분자덩어리가 단순한 고깃덩이가 아니라 '살아 있는' 존재가 되게 해주는 바로 그 구조들 말이다. 마치 누군가 한 치의 오차도 없이 제자리에 있도록 완벽하게 배열시켜 놓은 듯, 저마다 꼭 맞는 자리에서 완벽하게 자신의 역할을 수행하고, 정확하게 주변의 동료들과 상호 협동하는 바로 그 기관들과 조직들과 세포들 말이다.

문득 학창 시절의 동물해부학 실습 시간이 떠오른다. 학생들이 저마다 테이블에 자리를 잡으면 각 조마다 살아 있는 토끼 한 마리와 그 토끼를 죽이는 데 쓸 50ml짜리 주사기가 하나씩 주어진다. 보통 4명으로 이루어진 조원 중 두 명이 라텍스 장갑을 낀 손으로 토끼가 움직이지 못하도록 꽉 붙들고 있는 동안 한 명이 빈 주사기에 공기를 가득 채워 토끼 귀에 드러난 혈관으로 주입한다. 공기색전증을 일으켜 심장마비를 유도하기 위해서다. 이때 한 명 정도는 당장이라도 토할 것 같은 표정으로 멀찌감치 떨어져 토끼에 달라붙어 있는 친구들을 피에 굶주린 살인자 보듯 바라봐주면 토끼 해부 실습 첫날의 풍경이 훌륭하게 완성된다.

성공적으로 공기가 혈관으로 주입되었다면 채 몇 분이 지나기 전에 토끼는 그 작은 몸에서 나오는 것이라고는 상상하기 어려운 괴력으로 몸을 펄떡이며 죽음의 경련을 시작하게 된다. 그때 손끝을 타고 전해지던 느낌은 잊혀지지 않을 정도다. 말랑말랑할 정도로 부드러웠던 토끼의 몸이 강하게 수축하며 격하게 펄떡이다가 서서히 멈추면서 딱딱하게 굳어가고, 따끈따끈하게 느껴졌던 체온이 점차 차갑게 식으면서 손끝을 통해 전달되는 서늘한 느낌이. 하나의 생명체가 목숨을 잃는 과정은 너무나 간단했고(그저 빈 주사기 하나만 있으면 된다), 죽음의 순간을 전후해서 몸이 보여주는 극적인 변화가 너무도 선연했다.

하지만 그 숙연한 순간은, 사후경직이 더 일어나기 전에 토끼의

가죽을 벗기고 해부를 시작하라는 실습 조교의 지시에 따라 바쁘게 손을 놀리기 시작하면서 순식간에 사라진다. 사람이란 존재는 그다지 멀티태스킹에 능하지 못해 몸을 바삐 움직이다 보면 지분을 빼앗긴 정신은 그만큼 생각이 흩어지기 마련이니. 더군다나 막상 해부를 시작하면 보이는 광경 하나하나가 새롭고 신기한 터라 거기에 눈길을 뺏길 수밖에 없다. 끊어질 듯 끊어질 듯 이어지며 수 미터나 연결된 소화기관과 사람과는 달리 엄청나게 크게 부풀어 장 면적의 절반 정도를 차지하는 맹장, 이제는 움직임을 멈추고 질긴 근육 주머니가 된 심장과 더 이상 부풀지 않는 분홍색 폐, 기름진 붉은색이라고 밖에는 표현할 수 없을 듯한 간 같은 조직들을 꺼내 관찰하다 보면 이 모든 것들이 어떻게 그 좁은 흉강과 복강 내 공간 속에 들어 있었는지 신기하기만 할 따름이다.

스스로도 유명한 작가이지만, 최근에는 그보다 좀 더(우리나라에서는 훨씬 더) 유명한 작가이자 의사인 올리버 색스의 유일한 마지막 연인으로 더 많이 알려진 빌 헤이스는 『해부학자』(박중서 옮김, 박경한 감수, 사이언스북스, 2012)를 쓰기 위해 인체 해부 실습을 참관하는 과정에서 그와 함께 한 조가 되었던 여학생의 이야기를 통해 우리 몸 속 상황을 들려준다. "참으로 분주하군요! 어쩜 저렇게 꼬이고 비틀려서 와글와글 들어 있을까요!" 당시 실습실은 의대생들로 북적대고 있었지만, 그녀가 말한 건 실습실이 아니라 열어젖힌 시신의 몸속 광경을 의미하는 것이었다. 빈말로도 넓다고는 할 수 없는 어깨 아래부터 골반 사이의 공간에 온갖 장기들이 꽉 들어찬 모습이 그녀에게는 와글와글 분주한 모습으로 보였던 것이다.

모두 알지만, 모두 모르는
누군가를 찾아가는 과정

헤이스가 인체 해부학 실습을 무려 3학기 동안이나 참관하게 된 건 한 세기하고도 절반이 더 지나도록 절판되지 않고 꾸준히 발간되고 있는 최고의 베스트셀러 『그레이 해부학Gray's Anatomy』을 둘러싼 묘한 아이러니에 끌렸기 때문이었다. 책의 꾸준한 인기와는 어울리지 않게 그 책을 쓴 헨리 그레이에 대한 이야기가 전혀 알려져 있지 않다는 사실에 놀람과 동시에, 논픽션 작가답게 그의 일대기를 그려내려는 열망에 휩싸인다. 하지만 곧 그는 장벽에 부딪친다. 서른 넷의 젊은 나이에 천연두에 걸린 조카를 간호하다가 역시 천연두에 감염된 그레이는 별다른 유언조차 남기지 못한 채 며칠 후 사망했고, 천연두 환자가 사망하면 병의 확산을 막기 위해 생전에 그가 쓰던 모든 물품을 소각하는 당시의 관습에 따라 그와 관련된 모든 물품, 심지어 그의 일생의 역작이었던 『그레이 해부학』의 교정쇄까지도 모두 잿더미로 사라졌기 때문이다. 아내도 자식도 없었던 젊은 의사의 인생은 그야말로 지운 듯이 사라진 것이다.

몸에 대한 적나라한 이해를 담은 책과 그 책을 쓴 이에 대한 헤이스의 집착에 가까운 열망은, 그의 반려였던 스티브가 마흔셋의 젊은 나이에 심장마비로, 그것도 그의 곁에서 잠을 자다가 갑작스레 사망하면서 더욱 강해진다. 하지만 이 숨겨진 인물에 대해 파헤치면 파헤칠수록 그는 막다른 골목에 부딪치고 만다. 남은 것이 거의 없었던 것이다. 그가 남긴 단 한 권의 책 말고는. 하지만 막막했던 헤이스의 조사에 한 줄기 빛이 된 것도 바로 그 책이었다.『그레이 해부학』의 또 다른 공로자이자, 또 다른 '헨리'였던 헨리 반다이크 카터(1831~1897)가 남긴 일기장을 찾아낸 것이다. 매우 세심하고 꼼꼼한 성격이었던 '헨리' 카터는 자신의 일생 전체를 기록으로 남겼고, 그 일기장에는 그와 매우 가까운 사이였던 '헨리' 그레이의 모습이 간접적으로 드러나 있었다. 하지만 실제로 빌 헤이스의『해부학자』에서 더욱 주목하고 있는 '헨리'는 역사 속에 이름을 남긴 헨리 그레이가 아니라, 잊힌 듯 숨겨졌던 또 다른 '헨리' 카터의 모습이다. 자료의 상당 부분이 그가 남긴 일기장에서 기원하기 때문만은 아니다.『그레이 해부학』이 제시하는 인체에 대한 깊은 이해와 설명을 직관적으로 보여주는 1,300여 장에 달하는 그 상세하고 정교한 해부학 그림들을 그려낸 이가 바로 헨리 카터였기 때문이다.

　화가인 아버지 아래서 성장했지만 화가를 직업으로 택할 마음이 없었던 헨리 카터는 의대에 진학했고, 해부학자로 일하게 된다. 그 과정에서 해부학에 대한 깊이 있는 이해를 인정받았지만, 그는 왜인지 스스로를 낮추어 그레이를 떠받치는 역할을 기꺼이 떠맡는다. 하지만 책을 보면 볼수록 아무래도 『그레이 해부학』의 숨은 공신은 그레이라기보다는 이름조차 제대로 언급되지 않은 카터라는 생각이 더 짙게 든다. 인체의 숨겨진 부위 하나하나를 거의 훑어내듯 샅샅이 그려낸 그의 그림이 없었더라면 『그레이 해부학』이 그토록 찬사를 받으며 오랜 세월 동안 꾸준히 발간될 수 없었음이 명백해 보이기 때문이다.

특히 해부학이라는 과목 자체가 그림에 기대는 바가 매우 큼에도 불구하고 '그레이'라는 이름만을 기억해주는 세상에 대해 불만을 가져도 됨직한 상황이었고, 심지어 그레이가 갑자기 사망하고 꽤 오랜 시간이 지났음에도 그는 끝까지 그 책의 이름을 '카터 해부학'이 아닌 '그레이 해부학'으로 오롯이 지켜낸다. 인체의 아름다움이 표면에만 있는 것이 아니라 내부에도 존재하고 있다는 것을 너무도 잘 알아서였을까. 그는 드러난 이름만큼 숨겨진 이름도 언젠가 사람들이 알아줄 것이라 생각했을지도 모른다.

생명을 만드는 구조적 아름다움

해부학이라고 하면 거부감이나 불편함을 느끼는 사람이 적지 않을 것이다. 하지만 인간에서 미생물에 이르기까지 자연의 형상은 익숙하지 않은 것이 주는 불쾌함의 계곡만 넘어서면 놀랄 만큼 정교한 아름다움으로 우리를 사로잡는다. 인체를 구성하는 모든 것이 얼마나 정교하게 연결되어 있는지, 얼마나 효율적으로 배분되어 있는지, 얼마나 조화롭게 구성되어 있는지 보면 저절로 알게 된다. 만약 인체의 내부도를 그린 이들이 그런 감정 없이 그저 사진 기술이 없었다는 이유로 인체의 모습을 그대로 베끼기만 했다면, 수백 년 전에 그려진 해부도감이 지금도 사람들의 마음을 끌어당길 이유가 없을 것이다.

실제로 『사람 몸의 구조』(안드레아스 베살리우스 지음, 엄창섭 해설, 그림씨, 2018)는 무려 1543년에 그려진 그림을 그대로 옮겨놓고 있지만, 500여 년이라는 세월이 무색하게도 여전히 경탄을 자아낸다. 그 세밀한 묘사도 그렇거니와, 지팡이에 기대어 쉬고 있는 사람의 자세로 연출한 인체 골격의 모습이라든지, 몸 전체를 겹겹이 덮고 있는 근육을 한층 한층 차례대로 그려나간 모습을 넘기다 보면 해부학적 그림들이 필연적으로 떠올리게 하는 죽음과 역겨움이 어느새 인생사 덧없음에 대한 희화와 해학적 풍자로 바뀌는 느낌이 들 정도다. 개인적으로 이 책은 '그림책'(나름의 분류 기준으로는 그림의 지분이 글의 세 배를 넘어서는 책)으로는 오랜만에 소장 욕구를 불러일으키는 책이었다. 베살리우스의 정교하고도 유머러스한 그림도 그렇고, 접착제를 사용하지 않고 옛 방식처럼 굵은 실로 엮은 책의 장정도 꽤 마음에 들었다. 책을 펼치면 가운데 점선처럼 나타나는 실의 색을 핏빛으로 선명한 붉은색으로 선택한 센스도.

아직까지도 인체의 내부를 들여다볼 마음의 준비가 아직 덜 되었다면 같은 출판사에서 나온 『자연의 예술적 형상』(에른스트 헤켈 지음, 엄양선 옮김, 이정모 해설, 그림씨, 2018)으로 먼저 생명체의 구조적 아름다움을 감상한 뒤 시작하는 것도 좋다. 해부학 실습이라는 단어가 주는 음울한 느낌이 꺼려진다면 현직 해부학 교수가 그린 4컷 만화 『해부하다 생긴 일』(정민석 지음, 김영사, 2015)의 독특한 유머 코드를 먼저 접하는 것도 나쁘지 않을 것이다. 『그레이 해부학』의 좀 더 21세기 버전 같은 느낌을 원한다면 『인체 완전판』(앨리스 로버츠 지음, 박경한·권기호·김명남 옮김, 나성훈·남우동·이서영·조은희·최대희 감수, 사이언스북스, 2017)을, 진짜 사람의 몸의 모습을 보고 싶다면 〈인체의 신비전〉을 기획한 귄터 폰 하겐스가 펴낸 『Body Worlds The Original Exhibition of Real Human Bodies』도 괜찮다.

개인적으로는 처음 인체 혹은 생명체의 신기한 내부 구조에 관심을 두기 시작한다면, 직접 실사를 찍은 사진보다는 정교한 그림으로 구성된 것을 추천하고 싶다. 그림으로 접근하면 시신이나 사체와 마주한다는 시각적 충격으로부터도 완충 효과가 있을 뿐 아니라, 사진으로 보았을 때는 잘 구분되지 않는 미세 구조까지도 분명하게 구분되기 때문에, 오히려 대상에 대한 이해도가 높아진다. 해부학적 구조와 같은 복잡한 구조들은 3차원을 2차원으로 그대로 찍어 제시하는 사진보다는 3차원을 2차원으로 풀어내어 쌓아주는 그림이 훨씬 낫다. 괜히 의학미술이라는 세부 전공이 따로 있는 게 아니다(실제로 모 의대 해부학 교실에 취재차 방문했을 때 회화를 전공한 해부학 조교를 만난 적이 있다). 또한 인체 구조에 대한 단편적이고 직관적인 정보보다 좀 더 생각할 거리를 던져주는 성찰의 코드를 원한다면 『메스를 든 인문학』(휴 앨더시 윌리엄스 지음, 김태훈 옮김, 알에이치코리아, 2014)도 나쁘지 않다.

글을 쓰고 글을 읽는다는 건 정보를 교류에도 유용하지만, 그 자체가 하나의 유희가 되기도 한다. 때로는 멋스럽게 단어나 문장이 지닌 은유나 중의적 표현들을 교묘하게 사용하면서 언어의 맛을 즐기는 것도 좋지만, 식상한 표현의 경우 오히려 직설적으로 접근하는 것이 새로운 느낌을 주기도 한다. 외모보다는 내면의 아름다움을 봐야 한다는 말에 조금 질렸다면, 물리적 내면의 아름다움을 감상해보는 시간을 가져보는 건 어떨까.

제 몸뚱이 건사하며
살기 힘든 사회

1998년, 독일에서 〈인체의 세계(Körperwelten, www.koerperwelten.at〉라는 제목의 전시가 처음으로 대중들에게 선보였다. 이 전시회는 지금까지도 세계 수십여 국에서 순회 개최될 정도로 큰 성공을 거두었고, 우리나라에서도 〈인체의 신비전〉이라는 제목을 달고 몇 번이나 개최될 정도였다. 이 전시회의 대표적이고 유일한 전시물은 인간의 몸이었다. 피부가 벗겨지고, 근육이 드러나고, 내장이 훤히 들여다보이는 날 것 그대로의 인간의 몸, '플라스티네이션 plastination'¹이라는 기술을 이용해 화려한 전시물로 재탄생된 몸. 그렇게 수많은 몸과 몸의 단편들을 둘러보고 나가려는데, 출구 쪽에 조그만 부스가 하나 보였다. 전시물을 보고 일종의 감동(?)을 받은 누군가에게 몸이 불길에 사그라지거나 땅속에 묻혀 썩어 없어지는 대신 박제되어 타인에게 감정을 불러일으킬 수 있도록 '사후 시신 기증서'를 접수하는 부스였다.

과학의 발전 그리고 인체시장

그 부스를 보는 순간, 당연한 소리지만 지금까지 내가 본 그 전시물들이 한때는 살아 있던 인간이었다는 사실이 새삼 느껴졌다. 내가 맛있게 먹는 스테이크와 삼겹살의 원주인이 소와 돼지라는 걸 알고는 있지만, 실제 도축 현장을 보기 전까지는 그것이 한때 살아 숨 쉬었던 대형 포유류 사체의 일부라는 사실을 느끼지 못하는 것과 비슷한 느낌이었달까. 다시금 도록을 꼼꼼히 살펴보니 이 전시회에 전시된 인간의 시신은 모두 기증받은 시신[2]이었다는 깨알만 한 글씨가 눈에 들어왔다. 그야말로 거저 자신의 몸을 주었다는 것이다. 내가 이곳에 들어오기 위해 지불했던, 그다지 싸지 않았던 비용은 전시물의 원소유주가 아니라 그들의 몸을 가공

---

1 일반적으로 사람의 몸은 사망 순간과 동시에 부패하기 시작한다. 수분과 지방 성분이 풍부한 인체는 미생물들에게 있어 더없이 좋은 영양공급원이기 때문이다. 이에 시신을 원형 그대로 보존하기 위해서는 사망 즉시 아세톤을 주입해 인체에서 수분과 지방 조직을 밀어내고 그 자리를 아세톤으로 치환시켜야 한다. 아세톤이 시신에 고루 스며들고 나면 진공처리된 방에서 아세톤을 기화시킨다. 시신의 내부를 채우고 있던 아세톤이 기화되면서 생기는 체내 흡인력을 이용해 보존제로 기능하는 실리콘이나 에폭시 수지 같은 고분자 폴리머 용액, 즉 일종의 플라스틱 용액을 전신에 주입시키기 위해서이다. 그래서 이 과정을 플라스티네이션이라 한다. 이 과정을 거치면 세포 하나하나 플라스틱 성분을 흡수한 시신은 살아 있던 상태의 그대로의 색과 모양 그대로 보존된 '작품'으로 재탄생된다.

하고 색칠하고 늘어놓은 이들에게로 돌아가고 있었다.

항상 그랬다. '역사가 감춰둔 은밀하고 발칙한 몸의 기록'이라는 부제가 붙은 『두 개 달린 남자, 네 개 달린 여자』(에르빈 콤파네 지음, 장혜경 옮김, 생각의날개, 2012)에서 보여주듯 늘 혜택은 '상품'이 아니라 그 상품을 소유한 주인에게 돌아갔으니까. 지금의 언어로는 결합쌍생아, 둔부결합기생체, 안면중복기형, 전전뇌증, 테트라-아멜리아 증후군(극단적인 사지 생성 부전)이라 이름 붙일 수 있는 각종 선천성 기형을 지닌 채 태어난 아기들은 구경거리가 되었지만, 그 혜택은 대부분 그들의 부모나 혹은 가난한 부모로부터 아이들을 사들인 이들의 주머니로 들어갔다. 이처럼 사람의 몸을 거래하는 시장은 예로부터 있었지만, 과학 기술의 발전은 이런 시장을 좀 더 세련되게 바꾸어놓았다. 우리는 이미 인체 조직, 인체 유래 세포주, 유전자 정보, 생식세포 및 자궁(대리모) 등이 각자의 효용 가치에 맞게 돈과 교환되어 거래되는 시대에 살고 있다. 탐사저널리스트인 스콧 카니는 『레드마켓, 인체를 팝니다』(전이주 옮김, 골든타임, 2014)를 통해 전통적으로 합법적 시장을 화이트마켓으로, 불법 상품을 거래하는

---

2 참고로 기증받은 시신은 매우 다양한 용도로 쓰인다. 『인체 재활용』(메리 로치 지음, 권루시안 옮김, 세계사, 2010)을 살펴보면, '당신이 몰랐던 사체 실험 리포트'라는 부제에 걸맞게 죽은 인간의 몸이 정말로 다양하게 활용됨에 놀라게 된다. 흔히 떠오르는 것처럼 의과대학에서 햇병아리 의대생들의 해부학 실습용으로 사용되는 것 이외에도 사람의 시신은 외과의사들의 수술 예행 연습에 이용되거나, 사후의 변화 과정을 관찰하는 법의학적 연구 대상이 되기도 한다. 뿐만 아니라 자동차 충돌테스트에서 더미 인형이 알려줄 수 없는 사고시 인체의 조직 손상에 대해 알려주는 일을 맡거나, 아직은 더 쓸 수 있는 조직들의 경우에는 적절한 처리를 거친 뒤 밀봉 포장되어 누군가의 몸 속 일부가 되기 위해 병원 냉동실에 보관되기도 한다. 시체는 생각보다 쓸데가 많다!

암시장을 블랙마켓으로 구분하는 데 착안해, 인간과 인체를 놓고 수익성 좋은 비밀 거래가 이루어지는 거대 지하경제 체제 '레드마켓'을 소개한다. 탐사보도 전문 저널리스트답게 카니는 최고급품 인체 골격 표본을 만드는 인도의 기술자, 네팔의 극빈층들을 유혹해 이식용 신장을 갈취하는 키드니바깜Kidneyvakkam, 신장 마을의 실태, 사형수의 장기를 거래하는 것으로 알려진 중국의 감옥과 병원의 커넥션, 매혈과 헌혈 사이의 틈을 비집고 들어간 혈액 갈취 사건, 일명 '아기 공장'으로 불리는 인도와 태국의 대리모 알선 전문 병원, 가난한 이들에게 그들의 유일한 재산인 몸을 이용해 돈벌이를 하라고 유혹하는 의약 임상 시험 등 피로 얼룩진 레드마켓의 단면들을 직접 취재하고 경험하며 하나하나 파헤친다.

몸을 둘러싼 불편하고 불공평한 시장

레드마켓은 기존의 시장 질서와는 전혀 다른 체계를 가지고 있다. 레드마켓에서 거래되는 인체 유래 상품은 늘 신분 구조 및 경제 구조의 상층부로만 이동하고, 절대 아래로 내려오지 않는다. 더욱 이상한 건 레드마켓에서 소비자가 치른 값이 제공자에게 전해지는 것 자체가 금지되어 있다는 것이다. 이 아이러니는 윤리적 가치와 경제적 이익이 상충하는 지점에서 발생했다. 윤리적으로 인간의 몸은 매우 고귀한 존재이므로 거래의 대상이거나 대가를 지불해야 하는 상품으로 전락할 수 없다고 사람들은 생각한다. 하지만 과학의 발전은 인체의 일부를 타인에게 이식해서 삶을 연장시키거나, 인체의 일부를 가공해 유용한 물품을 생산하는 일련의 과정들을 개발해냈다.

상품을 만들 기술은 있는데 상품의 원재료를 구하기가 어렵다면 어쩌나. 이 딜레마를 해결하는 가장 공식적이고 가장 바람직하다고 생각되는 방법은 이타주의에 기반을 둔 기증을 통해 제공자를 숨기는 것이다. 따라서 레드마켓에서는 제공자 대신 중간 가공자 및 유통자가 어마어마한 이익을 챙길 수 있는 구조로 형성된다. 원재료는 인류애에 입각한 기증이라는 형태로 거의 공짜로 얻으면서도, 이를 가공해 팔 때에는 목숨을 살리는 값이라는 이유로 어마어마한 가격을 붙이는 것이 가능하기 때문이다. 실제 미국의 경우, 신장을 기증하는 이들은 대가를 거의 받지 못하지만, 신장 이식을 원하는 환자들은 이식용 장기 적출 비용, 수술 전후 관리 비용, 면역 억제제, 행정 처리 비용 등을 포함해 약 25만 달러의 대가를 치러야 한다. 그래도 그나마 신장은 싼 편이다. 간을 이식하려면 52만 달러, 장은 120만 달러가 필요하다.

레드마켓에서 제공자가 소외되면서 나타나는 불합리함은 『헨리에타 랙스의 불멸의 삶』(레베카 스클루트 지음, 김정한·김정부 옮김, 문학동네, 2012)에서 잘 나타나 있다. 1951년, 자궁경부암에 걸려 사망한 헨리에타 랙스라는 젊은 흑인 여성의 몸에서 채취한 암 세포는

'헬라 세포'라는 이름이 붙여진 채 지난 반세기 동안 전 세계의 거의 모든 생물학 및 의학 실험실에서 다양한 용도로 이용되고 있다. 하지만 헨리에타의 죽은 몸에서 유래된 헬라 세포로부터 엄청난 과학적 발전과 상업적 이윤이 만들어지는 동안, 살아 있는 그녀의 몸에서 태어났던 다섯 아이들은 엄마 없는 하늘 아래 내팽겨진 채 평생을 지독한 가난과 싸워야만 했다. 우리 시대의 법은 기본적으로 인체시장에서 제공자들에게 어떠한 이익이 돌아가는 것을 허용치 않는다. 앞서 말했듯 인체는 값을 매길 수 있는 대상이 아니기 때문이기도 하고, 암세포뿐 아니라 인체에서 수집된 모든 인체 조직은 인체에서 떨어져 나오는 순간 의료 폐기물, 다시 말해 '쓰레기'로 분류되기 때문이기도 하다. 인체 조직은 몸에 붙어 있을 때는 값을 매길 수 없을 만큼 고귀한 존재이지만, 일단 몸에서 떨어져 나오는 순간 값을 매길 가치도 없는 쓰레기로 전락하는 극단적인 가치 하락의 대상이다. 일단 버려진 존재는 길가에 버려진 깡통과 마찬가지가 된다. 다시 말해 줍는 사람이 임자이며, 그 깡통이 어마어마한 가치의 예술품으로 탈바꿈한다면 깡통을 버린 이가 아니라 이를 가공한 사람에게 모든 권리가 주어진다는 것이다. 원래는 의료 폐기물로 썩거나 불태워질 조직이었기에, 이를 가공한 이들이 모든 권리를 가진다는 원칙 말이다.

하지만 인체 조직의 수집 범위가 점점 더 광범위해지고 거기서 얻어지는 품목들의 가격이 점점 더 높아지는 현실에서 계속해서 이들을 '폐기물'로 간주해도 될 것인지 의문이 든다. 헨리에타의 딸인 데버러가 말했듯이, 의사와 병원이 그녀의 어머니의 몸에서 얻어낸 조직으로 엄청난 이윤을 벌어들이던 시간 동안 어머니를 잃은 어린 아이가 가장 기본적인 의료보험의 혜택조차 받지 못하는 비참한 생활을 했던 것이 과연 정당한 일일까? 게다가 이처럼 '기증'의 형태로 이루어지는 시장에서는 원료의 수급이 불안정할 수밖에 없기 때문에, 가공업자들은 늘 불법적인 원료 확보의 유혹에 넘어가기 쉽다. 고귀한 의도가 끔찍한 범죄로 이어지는 건 종이 한 장 차이보다도 적다.

✿ 탈개인화를 탈피하라

해가 갈수록 레드마켓에서 거래되는 품목들의 리스트는 점점 길어지고 더욱 다양해지고 있다. 여기서 문제는 신체 조직의 거래 그 자체가 아니다. 레드마켓은 근본적으로 사람의 목숨과 관계된 것들이 많기 때문에, 이들이 거래됨으로써 누군가는 새로운 삶을 얻을 수 있고, 더 많은 이들이 혜택을 받을 수 있는 것은 분명한 사실이기 때문에 이를 막을 윤리적 근거 또한 없다. 하지만 이 과정이 심사숙고 없이, 인간의 몸을 이용하고 거래하는 것에 대한 사회적, 윤리적 고려 없이 이미 이루어지고 있다는 것은 분명 문제가 된다. 오래전 『인체 시장』(도로시 넬킨·로리 앤드루스 지음, 김명진·김병수 옮김, 궁리, 2006)을 통해 저자들이 밝혔던 바와 같이 "인간의 몸은 공리주의적 사물 이상의 그 무엇"으로 여겨져야 하기 때문이다. 인간의 몸은 사회적, 제의적, 은유적 실체이므로 몸을 파편화시켜 전체에서 탈맥락화하는 행위는 인간에 대한 사회적 가치를 평가 절하하고 개인의 믿음과 자율성을 포기하게 만들 수 있다. 지금처럼 '경제적 가치'에 경도되어 인간의 몸을 생명공학 시대의 금광처럼 바라보는 인식이 지속된다면, 머지않은 미래에 인간의 몸은 일종의 '화폐'가 되어 버릴 수도 있다는 사실을 깨달아야 한다는 것이다. 그럼 우리는 어떻게 해야 할까.

'레드마켓'의 고발자 카니는 이에 대해 자신이 생각하는 대안을 제시한다. 현대의학에서 만연한 탈개인화를 탈피하는 것이다. 그는 죽음의 가장 끔찍한 점은 가장 밀접하고 가장 사적인 자신의 '몸'에 대한 통제권을 잃어버리는 것이라고 말한다. 언젠가 모든 사람들이 레드마켓의 고객이 될 가능성이 있다는 것을 강조하면서, 그렇기에 우리의 몸에 중고차 시장에 적용되는 기준을 적용해야 한다는 다소 파격적인 비유로 이 문제에 접근한다. 누구나 자신의 차를 중고차로 팔 수 있고, 누구나 중고차를 살 수 있지만, 훔친 차를 파는 것은 불법이며 고장 날 것이 확실한 차를 파는 것도 불법이다. 상식이 있는 고객이라면 딜러의 말만 믿고 덥석 값을 치르기 전에, 차의 상태와 사고 이력을 살펴볼 것이다. 이 모든 것이 가능해지려면, 자동차의 상세한 이력이 필요하다. 하물며 중고차조차 이력을 남기면서 왜 인간에게는 이를 허락하지 않는가. 인체 조직의 유래와 이력의 투명성은 인체 조직이 공장에서 찍어낸 상품이 아니라 누군가의 살아 있는 조직이었다는 사실이 알려지면 그만큼 나쁜 일이 일어날 확률이 줄어든다고 그는 생각한다.

스콧 카니 이전에도 『인체 시장』 혹은 『인체 쇼핑』(도나 디켄슨 지음, 이근애 옮김, 소담출판, 2012) 등 인체 조직을 둘러싼 새로운 시장의 형성을 제시한 책들이 있었다. 스콧 카니의 책은 저널리스트 출신 작가의 작품답게 인체 시장의 제품 공급자 쪽에서 이들의 시각으로 밀착 취재하고, 경제적 불평등과 사회적 부당성을 고발하는 현장성의 색채가 짙다면, 주로 학자들(법학자, 생명윤리학자)들에 의해 쓰여진 『인체 시장』과 『인체 쇼핑』은 이러한 인체 조직 거래 시장의 형성의 기원과 인체를 둘러싼 철학적이고 윤리적인 시각 변화의 필요성과 방향성, 법적인 체제 정비 등 사회 전반적인 인식과 제도의 변화를 촉구하는 측면이 더 강하다. 다시 말해 후자의 책들이 한때 인간이었으나 이제는 "바코드가 찍힌 생명공학 시대의 신상품이 되어 버린 시대"를 받아들이고 싶지 않다면, 적어도 생명공학 연구에 있어서는 경제적 이익과 함께 연구의 윤리성과 가치관을 동등하게 바라봐야 한다고 주장했다면, 스콧 카니는 철학적이고 윤리적인 가치관보다는 철저하게 시장 논리에 주목한다. 이러한 시각의 차이는 학자와 저널리스트의 차이에서 오는 것일 수도 있고, 최근 몇 년간 변화한 사회적 시각을 반영한 차이일 수도 있다. 어쨌든 이들 모두 인정하는 것은 인간이라면 누구나 레드마켓의 제공자이자 소비자이며, 상품으로 팔리는 동시에 이를 사는 구매자라는 이중적 존재라는 사실이다. 제 몸뚱이 하나 제대로 건사하면서 살기가 이토록 힘든 사회라니!

함께 비를 맞는 것의
가치

흔히 '과학자의 글쓰기'에 있어 중요한 요소로 지목되는 것이 있다. 명료성, 정확성, 객관성, 간결성이다. 아무래도 과학은 감정이나 느낌이 아니라 자연현상을 다루기에 객관적인 시선에서 바라보는 것이 가능하고, 꿈과 상상이 아닌 사실과 정보를 전달하는 데 치우쳐지기에 가능하면 이를 정확하고 명료하게 전달하는 것이 선행된다. 또한 감각적 수사나 은유보다는 오해를 피하고 정확하게 전달하는 것이 먼저이니, 이를 풀어 쓰는 방식이 간결해야 함은 당연하다. 대부분의 과학자가 글을 쓰는 목적이 타인과 교감하고 공감하기 위해서가 아니라, 정보를 교류하고 공유하기 위해서니까 말이다.

이런 글쓰기에 익숙한 과학자들이 써낸 책들은 많은 경우 양념

하지 않는 닭가슴살과 같은 느낌을 준다. 군더더기 없이 담백하고 지식의 근육을 만드는 데 필요한 영양가는 꽉 차 있지만, 그냥 먹기에는 심심하고 퍽퍽해서 쉬이 손이 가지 않는, 막상 큰맘을 먹고 먹기 시작하다가도 얼마 못 가 십중팔구 답답한 가슴을 부여잡고 한숨을 쉬게 만드는 그런 것. 그렇기에 과학책을 읽을 때는 한 번에 처음부터 끝까지 완독하기보다는 조금씩 나눠 천천히 씹어 삼켜야 했다. 그러다 보니 한 권의 책을, 하나의 문단을 읽다가도 지식의 소화불량을 일으킬 때도 있었다. 그럴 때면 같은 책을, 같은 구절을 천천히 여러 번 읽어야 했다. 반추동물이 급하게 씹어 삼킨 질긴 섬유질 음식들을 다시 게워내어 꼭꼭 씹어 삼키듯이. 과학책은 그렇게 읽었다.

모두 개인의 책임으로 돌릴 수 있을까

그런데, 어렵지는 않은데 여러 번 곱씹고 다시 읽게 만드는 그런 과학책을 접했다. 이해가 되지 않아서가 아니라, 너무나도 이해가 잘 되고 공감이 잘 되어 더욱 한 구절한 구절을 꼭꼭 씹어 삼키게 만드는 책을 발견한 것이다. 바로 사회역학자 김승섭 교수의 책 『아픔이 길이 되려면』(동아시아, 2017)이다. 이 책을 처음 읽기 시작했을 때 분야는 다르지만, 거의 자동적으로 떠오른 책이 있다. 수디르 벤카테시의 『괴짜사회학』(김영선 옮김, 김영사, 2009)이 그것이다. 인도 출신의 유색인이지만 미국의 중산층 가정에서 별다른 어려움 없이 자라난 벤카테시는 사회학 박사과정에 진학해 공부하다가 논문을 위한 자료조사를 위해 설문지를 한 뭉치 들고 시카고의 빈민 거주 지역인 '로버트 테일러 공용주택지구'를 방문한다. 별다른 생각 없이 시작한 이 현장 조사는 그의 일생은 물론이거니와 사회 문제를 바라보는 많은 사람들의 시선을 바꿔놓는 하나의 흐름을 만들어낸다. 벤카테시는 그곳에 발을 디딘 지채 몇 분도 지나지 않아, 이런 빈민가에 살아본 적도 없는 사람들이 영혼 없이 만들어낸 설문조사 문구가 얼마나 허황된 것인지(세상에, 하루하루가 힘겨울 사람들에게 "당신은 자신이 가난한 흑인이라는 사실에 대해서 어떻게 생각하십니까?" 따위의 설문을 맨 처음에 할 생각을 하다니, 게다가 요구하는 답변 형태도 '매우 좋다, 좋다, 좋지도 나쁘지도 않다, 나쁘다, 매우 나쁘다'뿐인 오지선다 객관식이었으니, 벤카테시가 이 설문지를 거리의 마약상들에게 들이밀었을 때 그가 살아남았다는 것 자체가 신기할 정도다. 어쩌면 모욕감으로 상대를 해칠 마음조차 먹지 못하게 말 만큼 어처구니가 없는 질문이었기에 그랬을지도 모른다), 피부가 흰 중산층 사회학자들이 그럴 것이라고 유추했던 가난하고 피부빛이 검은 사람들이 하루하루를 버티는 방식의 차이가 얼마나 요원한 것이었는지를 죽음의 공포 속에서 깨닫는다.

하지만 운명이란 게 참으로 아이러니한 것이, 어쩌면 한때의 치기 어린 실수로 기억되었을 그날, 벤카테시는 마약상의 중간 보스인 제이티(대학을 졸업하고 정규직으로 일했던 경험이 있는, 즉, 중산층으로 살아갈 기회가 있었으나 포기하고 거리로 되돌아온 인물)와 우연히 마주치게 되고, 그 이후 10여 년 동안 둘은 우정도 아니고 충성심도 아닌, 단순한 연구자와 조사원 사이도 아니고 더불어 살아가는 이웃도 친구도 반목하는 적대자도 아닌 기묘한 형태의 유대 관계를 맺게 된다. 제이티와의 관계를 통해 벤카테시는 사회학자로서 빈민가 흑인의 삶을 날것 그대로 관찰하고 기록할 수 있는 흔치 않은 경험을 하게 되고, 제이티는 부당한 사회구조 속에서 짓눌린 흑인 빈민들의 삶을 제대로 이야기할 수 있는 통로를 얻게 된다. 이 책을 읽으면서 필경 품게 되는 의문이 있다. 이들이 가난하고 폭력적인 삶을 살게 된 건 개인의 탓인가, 사회의 탓인가.

물론 이곳 출신 중에도 각종 불리한 조건들을 이겨내고 대학에 진학하는 아이들이 있고, 번듯한 직장을 잡아 빈민가를 벗어나는 사람들도 있다. 하지만 대부분의 사람들은 아무리 용을 써도 마치 빈곤과 불행에 발목을 잡힌 듯 이곳을 벗어나지 못한 채 살아간다. 별다른 생산 수단이 없는 곳에서 돈을 번다는 건 쉬운 일이 아니다. 이곳의 실업률은 96%에 달하기에 이곳 사람들이 돈을 얻는 가장 흔한 수단은 매춘부가 되거나 마약상이 되는 것이다. 그리고 그 끝은 필경 감옥에 수감되거나 마약에 찌들어 뒷골목에서 발견되거나 총알받이가 되어 죽음으로 끝난다. 이런 곳에서 살아가는 사람들의 삶은 단지 '가난한 흑인'이라는 한마디로 정의할 수 없을 만큼 비참하다. 그럼에도 불구하고 사회는 이들을 방관하기만 한다.

벤카테시는 10여 년을 이들과 함께 머물면서 깨닫는다. 이곳 사람들은 시카고 어떤 사람들보다 폭력과 사고에 노출되는 빈도가 높음에도 불구하고, 범죄를 경찰서에 신고하거나 환자를 이송하기 위해 구급차를 부르지 않는다는 사실을 말이다. 이곳은 버젓이 존재함에도 행정상으로, 제도적으로는 지워진 곳이다. 이곳에서는 신고를 해도 경찰이 출동하지 않고, 911에 전화를 걸어도 구급차가 오지 않는다. 위생 상태는 열악하고 주거 시설은 손볼 곳 투성이지만, 보건 당국은 실사를 나온 적이 없고 시카고 주택공사 직원들은 민원을 넣으면 트집을 잡아 퇴거 명령을 내린다. 이런 곳에서 죽고 사는 것, 먹고 쓰는 것, 입고 자는 것, 교육받고 타락하는 것을 모두 개인의 책임으로만 돌릴 수 있을까.

역학의 원인, 사회의 역학

'긍정심리학'을 퍼뜨린 것으로 잘 알려진 조너선 하이트는 『바른 마음』(왕수민 옮김, 웅진지식하우스, 2014)에서 개인의 행복 혹은 불행의 원인에 대한 관점이 보수주의자와 진보주의자를 가르는 하나의 요소가 된다고 말하며 이 논란에 대한 사람들의 심경을 제시한다. 이 책의 부제는 '나의 옳음과 그들의 옳음은 왜 다른가'라고 물으며, 기본적으로 '선량한 사람들이 왜 옳지 못한 행동을 하는지'를 파헤친다. 하이트는 보수주의자와 진보주의자의 윤리관을 가르는 다섯 가지 기준을 제시하는데, 그중 하나가 개인과 사회의 관계'다. 보수주의자의 이미지로 흔히 집단주의적 성향을 먼저 떠올리지만, 보수주의자들이 인정하는 가치관 중 중요한 것은 '개인의 노력에 따른 소득의 분배'다. 보수주의자들은 일한 만큼 받고 노력한 만큼 대가를 얻는 것이 공평하다고 생각한다. '일하지 않는 자, 먹지도 말라'는 것처럼 이들은 노동의 신성함과 노력의 가치를 인정하고, 그에 따른 결과적 분배를 인정한다. 이들에게 평등이란 기회의 평등이며, 개인의 능력에 따른 결과적 차이는 당연하다고 생각한다. 따라서 이들은 오히려 복지 정책에 관심이 덜하다. 복지 정책은 게으른 자들에게 게을러도 좋다고 허용하는 셈이라 여겨 탐탁지 않아 하는 것이다. 반면 진보주의자들은 흔히 생각하는 개인주의적 성향과는 다르게 사회와 개인의 관계에 더욱 초점을 맞춘다. 누군가가 더 많은 몫을 가져가는 건 그가 더 뛰어나서일 수도 있지만, 그가 더 유리한 사회적 제도의 지원을 받기 때문이라는 것이다.

여기 두 아이가 있다. 이 아이들은 지능지수도 신체적 조건도 모두 비슷하다. 하지만 이 아이들 중 누가 더 나은 삶을 살아갈지는 이 아이들이 어떤 사회적 조건 속에서 출발하느냐에 따라 달라진다. 양친의 격려 및 물질적 지원을 충분히 받을 수 있는 행복하고 부유한 가정의 아이와, 양육자 없이 거리에서 떠돌며 하루하루 끼니를 걱정해야 하는 아이 중 누가 더 대학진학률이 높고, 누가 더 자신의 재능을 제대로 발휘할 수 있으며, 누가 더 수월하게 부를 축적할지는 굳이 따져보지 않아도 명백하다. 자유주의자들은 개인의 자유가 중요한 만큼 개인이 타고난 능력을 있는 그대로 발휘할 수 있는 공정한 무대가 펼쳐지길 원한다. 일단 거리에서 떠도는 아이를 지붕이 있는 집으로 데려가 제대로 먹이고 입히고 재운 뒤에야 비로소 경쟁이 의미 있게 된다는 것이다. '국가는 헐벗고 굶주린 자들을 도울 책임이 있다'는 것이 그들의 윤리관이다. 그렇기에 이들은 복지정책에 관심이 많다. 과연 사회는 개인의 인생에 어느 정도 책임이 있는가.

사회는 인간이 모여 만드는 곳이다. 따라서 개인의 삶은 그 개인이 속한 사회와 떼려야 뗄 수 없는 관계를 맺게 된다. 제도적 차별뿐 아니라 윤리적 가치관까지 말이다. 따라서 개인의 인생에 사회가 어느 정도의 책임과 지분을 가지고 있음은 부정할 수 없다. 그런데 사회가 내 몸에, 내가 지금 앓고 있는 질병에까지 영향을 미칠 수 있을까. 병에 걸려도 돈이 없어 병원을 제대로 찾지 못하는 경제적인 문제나, 갑작스러운 사고를 당했는데 주변에 가까운 병원이나 의료진이 없어서 치료 시기를 놓치는 물리적 부재의 문제가 아니라, 그저 그러한 사회 속에서 살고 있다는 것 자체가 질병의 발병 원인, 확산 계기, 치료 불가의 원인이 될 수 있을까. 『아픔이 길이 되려면』의 저자 김승섭 교수는 그럴 수 있다고 말한다. 그는 역학epidemiology, 즉 '인간 집단 내에서 일어나는 유행병의 원인을 규명하는 학문'을 규명하는 의학자다. 그런데 그는 이 질병의 원인 중 하나로 그 질병이 만연하는 사회의 역학을 들며 개인과 사회의 힘의 관계에서 바라본다.

이에 대해서는 이미 리사 버크만이 『사회 역학』(리사 버크먼·이치로 가와치 엮음, 신영전 외 옮김, 한울, 2017)을 통해 우울증과 스트레스 질환 같은 정서적 질환뿐 아니라, 심장질환, 감기, 암과 같은 '물리적인 질환'에도 사회는 많은 영향을 미친다고 지적한 바 있다. 데셀반 데어 콜크는 『몸은 기억한다』(제효영 옮김, 을유문화사, 2016)를 통해 사회가 일으킨 전쟁에 동원된 사람들의 몸에 깊이 뿌리내린 기억의 상처, 즉 PTSD(외상 후 스트레스 장애)를 이야기하며 세균과 바이러스라는 생물학적 요인이 아닌 전쟁과 범죄 등 사회적 문제가 많은 사람들의 몸에 지워지지 않는 상흔을 남긴다는 강력한 증거를 제시하기도 했다. 따라서 사회와 개인의 건강 사이에 모종의 관계가 있다는 것은 이미 알려진 사실이다.

⚛ 어떻게 치유할 것인가

『아픔이 길이 되려면』이 더욱 큰 울림과 반향을 지니는 건 바다 건너 저 멀리에 사는 타자화된 누군가가 아니라, 지금 이 땅에서 나와 함께 살아가는, 혹은 살아갔던 우리의 가족, 친구, 이웃의 이야기를 다루고 있기 때문이다. 나아가 사회가 아프게 한 개인들을 어떻게 사회가 치유해야 할지에 대해서도 이야기하고 있기 때문이다. 이 책은 아픔을 하소연할 데 없어 스스로를 파괴하는 쌍용차 해고 노동자들, 제도의 빈틈을 파고든 탐욕에 희생자가 된 세월호의 아이들, 사회적 차별로 늘 숨죽여 지내는 성소수자와 성 전환자들 그리고 그들의 가족들 이야기, 우리가 듣기는 했었지만 굳이 확인해보려 하지 않고 지나쳤던 이야기들, 어쩌다 들여다보기는 했었지만 굳이 읽어내려 하지 않았던 행간의 이야기들을 담담하고 정확하게, 명확하고 분명하게 제시하고 있었다.

분명 이 책은 과학자가 쓴 책답게 정확하고 명료하면서도 객관적이고 간결하다. 하지만 전혀 건조하거나 지루하다는 느낌은 들지 않는다. 명료하기에 더 이상 눈을 돌릴 수 없게 만들고, 정확하기에 반론을 하기 어렵게 만들며, 당사자의 슬픔과 아픔을 선명하게 짚어낼 수 있을 만큼 객관적이다. 이에 더해 간결하기에 그 울림은 더욱 크게 다가온다. 개인의 행복과 불행뿐 아니라, 개인의 몸이 앓는 병과 몸에 남는 선명한 상처가 실상 그 사회가, 그 사회적 관계가 얼마든지 보듬어줄 수 있는 것이었다는 사실에 분노를 넘어 허탈하기까지 했기에, 책을 읽는 데 생각보다 오랜 시간이 걸렸다. 이 책의 문장은 술술 읽히지만, 한편으로는 술술 읽을 수가 없다. 한 페이지에 가슴이 먹먹해서 한숨 한번 쉬고, 또 다른 페이지에 눈물이 차올라 잠시 하늘 한번 보고, 그다음 문장에서 견디지 못하고 책을 덮었다가 한참을 진정하고서야 다시 책장을 열게 만들었다.

문득 고등학교 시절이 떠오른다. 고3이라는 말을 들으면 나는 성수대교가 떠오른다. 1994년 여름, 내가 고3이던 그때 성수대교가 무너졌다. 나는 그날 아침 그 다리를 건넜다. 늘 잠이 부족했던 고3이 그러듯, 통학버스에 올라타 자리에 앉자마자 잠에 빠져들었고, 기억도 없는 채로 다리를 건넜다. 그리고 채 한 시간도 못 되어 그 다리는 무너졌다. 그리고 나처럼 학교에 가던 여학생들 9명을 비롯해 모두 32명이 목숨을 잃었다. 교실에 있는, EBS 교육방송을 보기 위해 설치되었던 TV로 가운데가 뭉텅 잘려나간 성수대교를 볼 때만 해도 실감이 나지 않았다. 하지만 그날 밤, 야간 자율학습을 마친 뒤 다시 학생을 태운 통학버스가 강변북로에 들어설 때 보았던 광경은 20년이 넘는 지금도 잊히지 않는다. 검은 물속에 떠 있는 다리 상판, 어두운 강에서 유난히 밝게 빛나던 뉴스방송사에서 설치한 임시 스튜디오, 그 스튜디오와 다리 난간을 번갈아 비추는 헬리콥터의 조명과 시끄러운 굉음. 그 후로 나는 그해가 끝날 때까지 불면증과 악몽, 가위눌림에 시달렸다. 자면서 건너던 다리가 무너졌다. 잠들기가 무서웠다. 새벽녘에 까무룩 잠이 들면 기억도 나지 않는 악몽에 놀라 잠을 설치기 일쑤였고, 그러다가 비명도 낼 수 없고 손가락 하나 까딱할 수 없는 가위눌림의 순간이 찾아왔다. 나는 다리가 무너지는 걸 직접 본 적도 없고, 물에 빠져본 적은 더더군다나 없었다. 하지만 그 순간을, 그 장소를 비슷한 시기에 같이 공유했다는 것만으로도 나는 그 사건에 감염되었고, 오래 앓아야만 했다.

그런 기억과 함께 이 책에 등장한 구절이 떠오른다. "비를 피할 수 없다면, 같이 맞아주는 사람이 되겠다"라는. 찬비를 홀로 맞는다는 외로움을 달래고 서로의 체온으로 차가움을 나눠 가지겠다는 마음이 참 고맙다는 생각이 들었다. 이런 마음이 바이러스처럼, 유행병처럼 더 많은 이들에게 전달될 수 있다면. 더 많은 이들이 기꺼이 함께 찬비를 맞아주러 광장에 나서면 그들의 체온으로 인해 찬비가 주는 한기는 사라질 것이며, 그들 중 누군가가 지붕을 만들어낼지도 모를 일이다. 세균은 곰팡이가 만들어낸 항생제로 잡고, 바이러스성 질환은 바이러스를 변형시켜 만든 백신으로 예방하듯, 사회가 만든 질병은 그 사회가 치료법을 찾아낼 수 있고, 그 사회가 예방법을 알아내는 가장 주요한 주체가 될 테니 말이다.

유전자의
내밀한 역사

우리 집에는 같은 시기 수정되어 태내 환경을 공유한 채 같은 날 태어난 아이들, 즉 쌍둥이들이 자라고 있다. 하지만 흔히 쌍둥이라고 하면 떠올리는 데칼코마니 같은 일란성 쌍둥이가 아니라, 두 개의 정자와 두 개의 난자로 만들어진 두 개의 수정란에서 시작된 이란성 쌍둥이다. 다시 말해 이 아이들이 공유한 건 태내 환경만이고 애초에 유전자의 조합 자체가 다른, 태어난 시각만 같은 남매다. '한 부모 자식들도 아롱이다롱이'라는 옛말처럼 같은 부모에게서 태어난 아이들이라 하더라도 그 사이에서 만들어질 수 있는 유전적 조합이 매우 다양하기 때문에 아이들마다 표현형의 발현이 다르다는 사실은 익히 들어 알고 있었다. 그럼에도 불구하고 같은 시간을 공유하기에 그 차이점이 분명히 비교되는 쌍둥이를 바라보노라면, 새삼 유전의 오묘함이 느껴진다. 동일한 부모로부터 유래된 유전자의 조합의 결과물들이 어쩌다 이리도 극명하게 갈라졌을까.

유전자, 잘 알지도 못하면서

유전遺傳, 사전을 찾아보면 유전의 생물학적인 정의는 "어버이의 성격, 체질, 형상 따위의 형질이 자손에게 전해짐. 또는 그런 현상. 오스트리아의 식물학자 멘델에 의하여 처음으로 이에 대한 과학적 설명이 이루어졌다"라고 등재되어 있다. 아이는 황새가 물어다 주거나 다리 밑에서 주워오는 것이 아니라, 부모가 지닌 생식세포의 결합체가 모체의 자궁 안에 자리 잡아 태어난다는 사실은 이제 삼척동자도 아는 사실이다. 지난 세월 동안 인류의 과학적 지식이 비약적으로 발전한 덕에 컴컴한 동굴을 벗어나 초고층 마천루에 살게 되었고, 지구 반대편에 있는 사람들과 실시간으로 얼굴을 맞대고 이야기하는 것은 물론이고, 원한다면(정확히는 돈이 충분히 많다면) 지구 대기권을 벗어나 우주정거장에 올라 무중력 상태를 경험하며 푸른 구슬처럼 생긴 지구를 감상할 수도 있는 시대가 되었지만, 여전히 아이들은 수백만 년 전 인류가 처음 출현했을 때 이용하던 방식 그대로 태어난다. 물론 시험관 아기 시술이나 인큐베이터 기술이 난자와 정자의 만남 방식에 변화를 가져왔고 자궁에서 있어야 하는 절대 시간을 약간 줄여주기는 했어도, 여전히 부모 양쪽의 유전자가 결합하여 아이가 태어난다는 사실 자체는 변함이 없다(동물의 경우, 체세포 복제가 성공한 적은 있지만 여전히 드문 일이고, 사람은 아직 공식적으로 성공한 사례가 보고되지 않았다). 우리 모두 그렇게 태어났고, 앞으로 태어날 아이들도 대부분 그렇게 태어날 테지만, 유전과 유전자의 개념은 여전히 많은 사람들에게 막연하거나 왜곡된 이미지로 존재한다.

현대인들은 당연한 듯이 혹은 자조적으로 '이기적 유전자' '우월한 유전자' '유전자 몰빵' 같은 단어를 일상에서 흔히 사용하면서도 정작 유전자가 구체적으로 어떤 존재인지, 어떤 식으로 유전되는지, 환경과 어떻게 상호작용을 하는지, 어떻게 변화하는지에 대해서는 잘 모른다. 그리고 이때의 모름은 양자역학이나 중력파 이론을 대할 때 느끼는 '모름'과는 결이 다른 모름이다. 양자역학이나 중력파 이론은 무지를 인정하는 형태의 모름에 가깝다면, 유전자와 유전 법칙에 대한 모름은 인지되지 않는 모름에 가깝다. 예를 들어 우리나라와 교류가 거의 없는 아프리카 어느 나라에서 온 사람을 만났을 때 상대가 뭘 원하는지 모르는 상태가 전자라면, 15년쯤 같이 산 부부가 서로 자신 있게 알고 있다고 생각하는 서로의 속내에 대한 모름이 후자에 가까울 것이다.

리처드 도킨스는 『눈먼 시계공』(이용철 옮김, 사이언스북스, 2004)을 통해 진화에 대한 격하고도 끈질긴 논쟁은 정작 진화론의 개념과

정의, 원리에 대해서는 거의 모르면서도 '나는 인간이고, 진화하는 존재이니까 당연히 진화에 대해 알고 있음'이라 자신하는 사람들이 너무 많음을 한탄한 적이 있는데, 공교롭게도 유전자도 비슷한 상황에 놓여 있다. 우리 모두 부모로부터 유전자를 받아 태어난 존재들이고, 자손들에게 형질을 유전해줄 것이기 때문에 유전자라는 단어에 대해서는 누구나 익숙해서 잘 알고 있는 듯하지만, 정작 제대로 알고 있는 이들은 드물다는 사실 말이다.

유전자 미로의 길잡이

그런 점에서 싯다르타 무케르지의 『유전자의 내밀한 역사』(이한음 옮김, 까치, 2017)는 '유알못(유전에 대해 알지 못하는 사람)'들이 마음 다잡고 앉아 유전자의 정체를 파헤치려고 시도할 때, 딱 맞는 가이드라인이 되어준다. 사실 이전에도 유전에 대한 책들은 많았다. 온라인 서점 예스24에서 '유전'이라는 키워드로 검색하면 자연과학 분야에서만 191권이 검색되며, 국립중앙도서관 장서에서는 '유전'이라는 단어가 제목에 들어간 과학 분야 단행본만 해도 3,691권이 등장한다. 그 수많은 책들 중에 무케르지의 책이 지닌 장점은 정확한 설명과 감동적인 스토리텔링의 중간에서 절묘하게 균형을 유지했다는 것이다. 그는 먼저 유전자gene의 핵심은 원자atom와 바이트byte와 마찬가지로 더 큰 전체를 구성하는 환원 불가능한 구성단위이자 기본 조직 단위라며 책을 시작한다. 다시 말해 원자가 모여 물질이 되고, 바이트가 쌓여 정보를 만들듯이, 유전자는 생명이라는 계층 조직의 기본 단위로 작용한다는 말이다. 또한 동시에 생명체는 단순한 유전자의 모듬을 넘어서는, 이들 사이의 무수한 조합과 치환의 산물이라는 개념을 분명히 서두에 밝힌다. 즉 자연계의 기본 요소는 원자(물론 이보다 더 작은 소립자들이 존재하지만)이지만, 이들 자체보다는 이들이 결합해 만드는 분자가 반응과 활성의 단위가 되며 원자들 사이의 분자 형성 조합은 무궁무진하고, 결합 양상에 따라 특성이 전혀 달라지듯[1] 말이다. 이렇게 유전자의 개념을 먼저 분명히 정의한 뒤, 멘델을 시작으로 하여 수많은 과학자들이 유전자의 실체와 이를 통한 유전의 개념을 찾아나가는 과정을 시대 순으로, 관련된 사건과 인물 사이에서 차곡차곡 정리한다.

그의 책은 마치 아리아드네의 실타래 같다. 크레타의 왕 미노스는 뛰어난 기술자 다이달로스에게 한번 발을 들여놓으면 영원히 나오지 못할 만큼 복잡한 미궁을 만들게 지시했다. 다이달로스의 명성에 걸맞게 그곳은 너무 복잡해 평생을 그 안에서만 살아온 미노타우로스조차 밖을 나서본 적이 없을 정도였다. 그곳에서 살아나온 사람은 테세우스가 유일했다. 그에게 호감을 느낀 크레타의 공주 아리

---

1 예를 들어 같은 탄소(C)와 수소(H)와 산소(O)의 조합이지만, 포도당($C_6H_{12}O_6$)과 페놀(C_6H_6O), 알코올(C_2H_6O), 젖산($C_3H_6O_3$)의 성질은 확연히 다르다.

아드네가 선물한 실타래의 실을 따라 나온 덕이었다. 무케르지의 책은 그런 느낌이다. 유전자와 DNA, 유전과 변이, 유전 법칙, 코드, 유전형과 표현형, 잡종, 우생학, 형질전환, 복제, 유전자 치료 등의 단어들이 어지럽게 널려 있는 미로 속에서 제대로 된 유전자의 개념을 흐트러지지 않게 제대로 잡아주고, 덧붙여 유전자 미로의 전환점에서 길잡이가 될 만한 것을 빠짐없이 짚어준다.

이렇게 유전자의 특징과 개념을 잡아주는 책으로 또 떠오르는 것은 『게놈 익스프레스』(조진호 지음, 위즈덤하우스, 2016)다. 이 책은 글과 그림이 어우러진 그래픽노블 형식을 띠고 있기 때문에 더욱 매력적이다. 유전체의 실체를 추적하는 과정을 마치 미스터리 스릴러처럼 처리한 흐름도 매우 돋보인다. 하지만 그래픽노블의 장점은 그대로 단점이 될 수도 있다. 하나의 컷에 글과 그림이 모두 들어가 있어 직관적으로 다가가기 쉽지만, 줄글보다 행간의 넓이가 커지므로 배경지식이 부족한 독자들에게는 이야기가 물 흐르듯 흘러간다는 느낌보다는 징검다리를 건너뛰듯 경중경중 넘어간다는 느낌이 들 수도 있기 때문이다. 그래서 그래픽 노블 과학책은 두 번 읽기를 권장한다. 먼저 커다란 줄기를 잡기 위한 입문용으로 한 번, 해당 분야의 지식을 쌓고 난 뒤 숨겨진 이스터 에그를 찾기 위해 또 한 번. 행간을 읽어내는 건 독자의 배경지식에 따라 달라지기 때문이다.

소화력에 따라
골라 읽는 즐거움

다시 『유전자의 내밀한 역사』로 돌아가보자. 이 책은 잘 정리된 유전학 입문서임은 틀림없다. 하지만 진짜 매력은 유전자의 정체를 파헤치는 한가운데 무케르지 자신의 이야기를 솜씨 좋게 녹여 넣었다는 데 있다. 그는 미국 컬럼비아 의대의 교수이자 뛰어난 암 전문의이고, 뛰어난 예술가인 아내와 두 딸과 함께 행복한 삶을 누리는 '성공한 남자'의 표본(게다가 미남이다!) 같은 사람이다. 하지만 그에게는 조현병과 정신질환에 걸린 두 명의 삼촌과 한 명의 사촌이 있었고, 누군가 거기에 추가되어도 전혀 이상하게 느껴지지 않을 것 같았다. 정신질환의 어두운 그림자는 그의 가계에 끈질기게 그늘을 드리우고 있었다. 이 잔인한 질병은 누군가에게는 더욱 격렬하게, 또 다른 누군가에게는 물에 잠기듯 서서히 나타나기도 하지만 촉망받던 젊은이의 인생을 철저히 망가뜨리기 전에는 절대 멈추는 법이 없었다. 그는 의문이 들었다. 내 아버지와 나는 왜 아직까지 제정신을 유지하고 있는가. 다행히도 내 안에 정신질환의 씨앗은 전해지지 않은 것인가, 아니면 아직 싹을 틔우지 않은 것뿐인가. 아버지가 무사한 것은 나도 무사하다는 희망의 증거인가, 아니면 아버지는 보인자여서 여전히 불씨는 내 안에 남아 있는 것인가. 내게 불씨가 남아 있다면 그건 내게서 끝날 것인가, 내 피를 물려받은 두 딸에게도 전해질 것인가.

과학은 보편적이라고 하지만, 때때로 연구자에게 있어 과학이 개인적이 될 때 메시지는 더욱 강렬해진다. 다양한 과학 분야 중에서도 생물학은 우리가 생물의 하나라는 태생적인 특성으로 인해, 가장 보편적인 법칙이 가장 개인적인 이야기가 되곤 한다. 무케르지가 그랬고, 헌팅턴병의 유전자를 찾아낸 낸시 웩슬러[2]가 그랬듯이 말이다.

이렇게 『유전자의 내밀한 역사』를 통해 유전자의 과학적 개념에 대한 줄기를 세운 뒤에 마음의 도서관에 좀 더 확실한 유전자 나무를 세우고 싶다면, 『유전자 개념의 역사』(앙드레 피쇼 지음, 이정희 옮김, 나남, 2010)로 유전자의 철학적 개념을 생각해보고, 역시 같은 저자와 역자의 합작품인 『우생학: 유전자의 숨겨진 역사』(앙드레 피쇼 지음, 이정희 옮김, 아침이슬, 2009)를 통해 유전자의 사회적, 정치적 개념도 함께 살펴보는 것도 좋을 것이다. 프랑스 국립과학연구소에서 과학사 및 인식론 분야를 연구하는 피쇼는 모두가 알고 있다고 생각하는, 혹은 실체가 있다고 생각하는 유전자의 개념이 사실은 매우 복잡하고 사변적이며 때로는 실체보다는 관념이나 이미지를 앞세워서 사람들을 현혹했던 경우가 많다고 주장한다.

그 대표적인 예가 우생학이다. 지금의 우생학은 나치 독일의 홀로코스트를 불러일으킨 '사악한 사이비 과학'의 대명사처럼 여겨지지만, 19세기에서 20세기 초까지 많은 '지성인' 혹은 '과학자'들

---

2 무케르지의 책에서도 언급되는 웩슬러의 이야기는 『유전, 운명과 우연의 자연사』(제니퍼 애커먼 지음, 진우기 옮김, 양문, 2003)에 자세히 나와 있다. 아쉽게도 이 책은 절판되었지만, 대신 해나무에서 '거침없이 도전한 여성 과학자' 시리즈의 하나인 『유전자 사냥꾼』(아델 글림 지음, 한국여성과총 교육홍보출판위원회 옮김, 해나무, 2016)에 그녀의 일대기가 다시 소개되어 다행이다.

이 이에 동조했던 이유는 나름 분명했다. 점차 퇴보하고 있는 것처럼 보이는 인류가 멸종의 위기에서 벗어나 생존하기 위해서는 무엇이든 해야 한다는 위기의식이 있었고, 이에 유전자라는 규정된 '설계도'에 의해 만들어지는 생물학적 존재라는 개념은 꽤 매력적이었다. 잘못된 설계도로 지은 집은 시간의 차이만 있을 뿐 결국엔 무너질 수밖에 없다. 기껏 그린 설계도가 아깝다고 집을 짓고 나서 저절로 붕괴될 때까지 기다리기보다는, 잘못된 설계도는 파기하고 이에 따라 지어진 집들은 붕괴되기 전에 철거해 재활용하는 게 낫다는 건 누구나 안다. 다만 그 대상이 유전자 설계로 태어난 한 명의 사람이라는 차이만 있을 뿐.

유전학의 발달에 따라 유전자 환원주의의 힘이 약해지면서 유전적 부적격자에 대한 차별, 강제 불임 시술, 인종 청소 등의 극단적이고 비인간적인 행태는 점차 사그라들었지만, 현대의 분자 유전학의 발전으로 인해 다시 추가된 유전자의 특성은 출생 전 유전질환 감별과 이로 인한 선택적 유산, 유전자 치료, 맞춤 아기, 체세포 복제와 줄기세포 장기 이식과 후생유전학의 연구 결과를 반영한 자궁 내 환경 개선 등 다양한 방식으로 변용[3]되어 다음 세대의 유전자에 적극적으로 개입하는 결과를 가져오고 있다.

---

3 『천재공장』(데이비드 플로츠 지음, 이경식 옮김, 북앤북스, 2005)에는 현대 자본주의 사회에서 엄청난 부(富)를 소유한 개인이 잘못된 유전자 개념을 지니고 있는 경우 얼마나 기가 막힌 해프닝을 벌일 수 있는지를 잘 보여주고 있다.

더 깊이 생각할 점을 던져준다는 점에서 피쇼의 책으로 유전자의 역사를 아울러 보는 것도 좋지만, 무케르지의 책이 기름기 잘잘 흐르는 하얀 쌀밥이라면, 피쇼의 책들은 거친 현미밥 같은 느낌이고, 『게놈 익스프레스』는 다양한 곡식이 모두 씹히는 잡곡밥 같은 느낌이다. 흰밥은 맛도 좋고 대충 씹어도 술술 넘어가지만, 현미는 알알이 꼭꼭 씹어주지 않으면 삼키기 어렵고, 잡곡밥은 하나하나 알알이 살아 있는 게 매력이자 호불호가 갈리는 지점이 되곤 한다. 그럼에도 불구하고 모두 나름의 맛과 매력이 충분하니, 자신의 소화 능력에 따라 적당한 것을 골라 먹어보는 것이 어떨까.

우리는 생각보다
더 착하다

TV를 켠다. 뉴스에서는 성매매 여성을 불러주지 않는다고 홧김에 여관에 불을 지른 어처구니없는 인간 탓에 여섯 명의 안타까운 목숨이 스러졌다는 보도가 나온다. 행여나 아이들이 들을까 얼른 채널을 돌렸다. 드라마 속 배우들은 멋진 얼굴에 좋은 옷을 입고는 별 것 아닌 이유로 핏대를 올리면서 서로에게 고함을 지르고 악다구니를 쓰며 서로를 물어뜯는다. 애들이 배울까 겁난다. TV를 끄고 스마트폰을 몰래 켠다. 아동 학대, 혐오 범죄, 국정농단과 횡령 사건이 꼬리를 물고, 살인과 성폭력과 폭력적인 증오범죄를 알리는 어두운 뉴스들이 계속 올라온다. 아이들이 엄마의 스마트폰이 궁금해 어깨 너머로 흘깃거린다. 이 아이들은 과연 무사히 자라날 수 있을까.

각종 사기와 보이스피싱과 안전불감증에 의한 사고는 이제 일상이 된 가운데, 미친 듯이 뛰는 집값과 실업률, 최저임금을 둘러싼 갈등에 도를 넘는 '갑질'로 인한 한숨 소리가 공기 중에 떠도는 듯하다. 이 와중에 지진과 독감에 전례 없는 기상이변까지 뭐 하나 우울하지 않은 소식들이 없다. 내가 어릴 적에는 이런 거 모르고 살았던 거 같은데, 세상은 점점 더 미쳐 돌아가는 것 같고 하루하루가 불안하다. 그리고 제 방에서 조잘조잘 재잘재잘 떠들면서 놀고 있는 어린 것들을 보면 마음이 무거워진다. 난 어쩌자고 자꾸만 망조가 들어가는 세상에 아이들을 낳은 것일까. 지금도 세상은 이렇게 내리막길에 모래지옥으로 빠져들어만 가는데, 저 어린 것들은 앞으로 긴긴 인생을 어찌 살아갈꼬.

사람들은 처음 이야기를 지어내고 문자를 만들어 기록할 때부터 세상이 점점 나아진다기보다는 점점 더 나빠져간다고 생각하는 데 익숙했다. 그리스 신화에서는 제우스의 아버지 크로노스가 지배하던 황금시대에는 질병도 굶주림도 죽음도 없이 행복하게 살아갔으나, 이들이 멸망하고 이어지는 제우스가 지배하는 은의 시대를 거쳐 청동의 시대, 영웅의 시대, 철의 시대는 각각 이전의 시대보다 환경은 더욱 각박해지고 인간은 더욱 잔인하게 타락한다고 여겼다. 어찌 보면 그건 당연한 시각일 수도 있었다. 시간이 지나면 뭐든 닳고 무디어지고 부패해서 바스러졌다. 아무리 아름답고 강건한 이도 세월이 지나면 하릴없이 늙어갔고, 제아무리 위력을 떨치던 조직이나 국가도 세월이 지나면 속으로부터 곪아서 무너져내리는 경우가 허다했다. 나빠지는 건 쉽지만, 좋아지는 건 지극히 어렵다는 것을 깨닫는 데 그리 높은 지능이 필요할 것 같지 않을 정도로.

아래로 곤두박질치고 있다는 느낌으로 힘들 때

시간이 지날수록 세상은 점점 나빠져만 간다는 시대적 인식에 브레이크를 건 것은 과학이었다. 세상을 관찰하고 측정하는 것이 가능하고 이를 바탕으로 미래를 예측할 수도 있다는 과학의 가능성은 우리의 미래를 지금보다 더 나은 것으로 반등시킬 수 있다는 희망을 갖게 했다. 하지만 몇 세기 지나지 않아 그 장밋빛 희망은 다시 바래고 사람들은 과학기술로 인해 도래될 지금보다 못한 삶에 대해 다시금 걱정하기 시작했다.

레이첼 카슨은 『침묵의 봄』(김은령 옮김, 홍욱희 감수, 에코리브르, 2011)에서, 재레드 다이아몬드는 『문명의 붕괴』(강주헌 옮김, 김영사, 2005)에서, 테오 콜본은 『도둑 맞은 미래』(테오 콜본·다이앤 듀마노스키·존 피터슨 마이어 지음, 권복규 옮김, 사이언스북스, 1997)에서, 세상은 점점 나빠지고 그 나빠진 세상을 만드는 데 인간이 일조하고 있다고 소리 높여 외쳤다.

이래도 살아야 할까. 세상은 점점 나빠진다는데, 심지어 그렇게 애쓰고 노력하는데도 점점 나빠지고 있다는데, 그 바닥이 보이는 개미지옥에서 아등바등 살아서 무엇 하나. 온갖 무시무시한 것들로 가득 찬 판도라의 상자에서도 밑바닥엔 희망이라는 녀석이 꿈틀거리며 기지개를 켜고 있었다는데, 현실에서는 희망마저도 '내일'이나 '보람'이라는 단어가 아니라, '헛됨'이나 '고문'이라는 단어와 짝을 이루는 게 더 자연스러워 보이니 시시포스의 바윗덩이를 보는 것만 같다. 의외로 이렇게 경사로에 갇혀 아래로 곤두박질치고 있다는 느낌으로 힘들 때, 읽어보면 좋을 만한 과학책도 있을까?

물론 있다. 매트 리들리의 『이성적 낙관주의자』(조현욱 옮김, 김영사, 2010)와 스티븐 핑커의 『우리 본성의 선한 천사』(김명남 옮김, 사이언스북스, 2014)가 그것이다. 이 책들의 주제는 어찌 보면 간단하고도 명쾌하다. 여기저기서 이런저런 우울한 소식들이 들려와도, 그래도 예전보다는 지금이 낫고, 우리네 조상보다는 우리가 더 착해졌으며, 앞으로도 그럴 가능성이 높으니 너무 절망하지 말라고 이야기한다. 사실 이런 부류의 주제를 가진 책들은 서점에 넘쳐난다. 힐링이나 치유, 위로 등등의 이름을 달고 쏟아져 나오는 많은 종류의 '자기 위안서'들은 질릴 정도로 끈질기게 나오는 중이니까. 하지만 이 두 책의 차이는, 따뜻한 위로가 아니라 딱딱한 증거를 제시하는 방법으로 희망을 계산해낸다는 것이다. 증거를 수집해 분석하고, 의미 있는 통계적 수치를 찾아내며, 원인을 통해 논리적으로 결과를 추론하는 과학적인 방식을 통해 아직 우리에게 희망이 남아 있다는 사실을 증명해냈다는 데 있다. 물론 방식은 조금 다르지만.

먼저 매트 리들리는 동물행동학을 전공한 생물학자답게, 인류, 즉 호모 사피엔스라는 하나의 생물 종이 가지는 특성을 분석한다. 그는 인류가 멸종하지 않고 살아남을 수 있었던 건 협력을 통해 번영을 구가하는 본능적인 속성을 진화시켰기 때문이라고 말한다. 즉 인류가 생물 종 중에 유일하게 다른 방향으로 살아가도록 변화한 바탕을 경제학에 기반을 둔 협력 체제로 보았다. 최초의 인간이 잉여물을 서로 교환하기 시작했을 때 우리의 미래가 결정된 것이다. 교환은 전문화를 촉진하고, 전문화는 기술 혁신을, 기술 혁신은 더 많은 전문화를 초래하며, 이것은 더 많은 교환으로 이어진다.

이 과정에서 우리는 서로를 신뢰하지 않을 수 없다. 신뢰가 바탕이 되지 않으면 지속적인 교환은 이루어지지 않는다. 그저 힘의 강약에 따른 착취와 수탈이 일시적으로 나타났다가 그걸로 끝날 뿐. 어차피 빼앗길 거라면 잉여물을 저장할 이유가 없다. 설사 믿을 수 없는 풍년이 들어 밀이 남았다면, 차라리 배 터져 죽을지언정 꾸역꾸역 먹어 치우거나 아예 불살라 버리는 게 낫다. 적어도 먹고 죽은 귀신은 굶어 죽은 귀신보다 때깔이라도 고울 테고, 두 눈 시퍼렇게 뜨고 빼앗기느니 내 손으로 없애버리는 게 속이라도 덜 상할 테니 말이다. 그러니 이 관계는 지속되기 힘들다. 따라서 결국에는 이런 성향을 지닌 개체들은 유전자 풀 내에서 솎아내질 가능성이 높았다. 유전자는 개체의 생존과 후손의 안녕을 저버리는 행위를 선호하지 않는다. 결국 신뢰를 바탕으로 한 교환만이 지속 가능하므로 결국 그런 성향을 가진 개체들만이 살아남아 후손을 남겼을 테고, 우리린 결국 그들의 후손이니 교역이 활발할수록 서로 간의 상호의존도가 더 높아지고, 그럴수록 우리는 더 안정적으로 번영을 구가할 수있는 것이다.

우리는 나아지고 있다

스티븐 핑커는 조금 다른 방식으로 비슷한 결론에 도달한다. 핑커는 실험심리학을 전공하고 언어의 진화와 진화심리학을 연구하는 학자다. 그래서인지 리들리가 도킨스를 떠올리게 하는 좀 더 생물학적 진화론에 가까운 접근법을 구사한다면, 핑커는 문명화에 따른 인간 사회의 진보에 가까운 접근법을 구사한다. 그는 『우리 본성의 선한 천사』에서 인류의 역사적 행보와 우리가 만들어낸 문명과 문화가 우리가 가진 잔인한 본성을 조절해서 타인을 해치는 걸 줄이고, 더 타인을 위하고, 더 함께 어울려 살아가기 좋은, 그런 종류의 '착한 인간'으로 부단히 다듬어져 왔다는 사실을 반복하고 또 반복해서 이야기한다.

사실 책 제목은 '우리 본성의 선한 천사'지만, 핑커가 '인간은 본래 착하다'는 성선설의 입장을 지지하는 것은 아니다. 오히려 그의 어조를 보면 인류의 내면에 있는 그 무언가를 천사라기보다는 악마에 가깝다고 여기는 것 같다. 인간은 고상한 야만인이라기보다는 잠자리를 잡아 날개를 하나씩 잡아 뜯으며 즐거워하는 어린애에 가깝다는 것이다. 잔학한 의도도 없고 교활한 술수도 없지만, 자신만을 위해 살고 자신의 즐거움을 위해서 무슨 일이든 할 수 있는 그런 존재들 말이다. 하지만 그런 아이들도 자라면서 교육을 받고 뇌가 조직화되어 타인의 고통을 미루어 짐작할 수 있게 되면 더 이상 그런 짓은 하지 않게 된다. 우리 본성의 선한 천사는 처음부터 우리가 가지고 있는 것이 아니라, 교육과 문명과 사회화에 따라 우리가 가지고 있던 다듬어지지 않은 돌덩이를 깎고 조각해서 만들어내는 것에 가깝다. 다시 말해 내면의 '선한 천사'란 것은 일종의 반어법적 비유로 제목에서 직접적으로 주제를 드러낸 리들리의 '이성적 낙관주의자'와 묘한 대조를 이룬다.

여담이지만, 이 두 사람의 책을 동시에 선정한 이유는 이들이 묘한 대칭을 이루기 때문이었다. 이미 10여 년 전에도 같은 주제(인간에게 영향을 미치는 유전자와 환경의 영향)와 비슷한 결론(환경에 의해 도태되거나 선택되는 유전자)을 가진 두 사람의 책이 번역(공교롭게도 둘 다 같은 해에 김한영에 의해 번역되었으며, 출판사는 역시 김영사와 사이언스북스다!)된 적이 있었다. '양육에 의한 본성'(앞서 말했듯이 특정 유전적 변이 혹은 자질이 생존에 불리하면 존속이 어려워 자연스럽게 숨어지기 때문에 특정 양육법에 의해 부추김을 받은 유전적 특질은 존속되이 세를 넓히기 마련이다)으로 요약될 수 있는 내용을 담은 두 책의 제목은 리들리의 것이 매우 정직하게 『본성과 양육』(김한영 옮김, 이인식 해설, 김영사, 2004)이었던 데 비해, 핑커의 책은 『빈 서판』(김한영 옮김, 사이언스북스, 2004)이었다. 여기서도 핑커는 빈 서판이라는 개념을 '인간은 빈 서판이 아니다'라는 결론으로 귀결하기 위한 반어법적 수사로 써먹었다. 또한 비슷한 주제를 다루고 있는 이들의 책은 늘 핑커의 책이 리들리 책에 비해 두 배(인간 본성에 대해 다룬 『본성과 양육』은 427쪽, 더 나은 미래를 다룬 『이성적 낙관주의자』가 624쪽인 데 반해, 핑커의 『빈 서판』은 901쪽, 『우리 본성의 선한 천사』는 무려 1406쪽이다!)로 두껍고, 리들리가 좀 더 직접적으로 주제를 제시하고 이를 뒷받침하는 증거들을 제시하는 느낌인 데 반해, 핑커는 각양각색의 다양한 예들을 끝도 없이 들어서 그의 말에 수긍할 수밖에 없을 때까지 몰아가는 느낌이다. 그 수많은 예시들을 찾아내는 정성은 대단하지만 독자의 입장에서는 제발 몇 가지 예들은 건너뛰었으면 좋겠다는 생각이 들 정도로 말이다.

다시 원래의 주제로 돌아가보자. 우리는 쉽게 절망을 이야기하고, 비극을 상상한다. 인간이란 원래 긍정보다 부정에 더 익숙한 것처럼. 그러고 보니 사람들은 대부분 웃음소리보다는 울음소리가 더 크다. 미소는 시간이 지날수록 희미해지지만, 오열은 언제까지고 귓전에 맴돈다. 즐거운 사람은 방방 뛰지만, 화난 사람은 펄펄 뛰고 활활 끓어오른다. 그래서 우리는 부정적인 것을 더 크게 보는 것인지도 모른다. 연일 들려오는 온갖 부정적인 소식들 사이에서 짓눌리는 느낌이 들 때, 따뜻한 위로를 구하는 것도 좋지만, 때로는 이런 객관적인 자료를 살펴보는 것도 나쁘지 않을 것이다. 생각보다 우리가 나아지고, 좋아지고 있다는 자료는 많다. 그리고 그 딱딱하고 건조한 조사 결과가 오히려 더 든든한 위로가 되기도 한다. 우리는 우리가 생각하는 것보다 더 나아지고 있고, 나아지기를 갈망하는 존재임을 그 자료들이 제시하고 있으니까.

과학자라기보다는
시인에 가까웠던 누군가의 삶

대학원 시절, 내 연구 주제는 파킨슨병의 생리학적 특성에 대한 것이었다. 파킨슨병이란 소뇌의 흑색질 부위에 많이 분포하는 도파민계 신경세포가 파괴되어 경직, 근육의 불수의적 떨림, 불안정한 보행 등의 증상을 나타내는 퇴행성 뇌 질환의 일종이다. 내가 했던 일은 생쥐의 뇌에서 유래한 도파민계 세포를 배양해서 인위적으로 파킨슨병과 유사한 증상을 일으킨 뒤 세포 내에서 일어나는 현상을 관찰하고, 이 과정을 지연시키는 방법을 찾는 것이었다. 2년간 나의 일과는 온종일 세포를 배양하고 약물 처리하고 현미경으로 관찰하여 사진 찍고, 죽은 세포를 버리고 새로운 세포를 키우는 일로 점철되어 있었다. 톱니바퀴처럼 맞물려 돌아가는 일상은 모든 것을 기계

화시킨다. 매일 같이 세포를 죽이고 키우고 죽이고 또 키우는 과정을 반복하면서, 그 세포들은 점차 내게 있어 하나의 재료, 즉 복사기에 들어가는 A4 용지나 스테이플러의 심 같은 것들이 되어갔다. 그다지 새롭지도 비싸지도 않은, 대강 쓰다가 다 떨어지면 다시 채워 넣으면 되는 그런 사소한 것들 말이다.

병의 중심에 사람이 있다

그러던 어느 날, 오랜만에 외갓집에 내려갔다. 할머니는 몇 년 전보다 주름살이 조금 늘어난 것 말고는 거의 변함없으셨지만, 할아버지는 달랐다. 어린 시절부터 할아버지는 대나무 같은 느낌이었다. 술 한 모금 입에 대시는 법이 없이 늘 마른 몸을 꼿꼿이 세우고 잰 걸음으로 다니시는 모습이 기억에 남아서였다. 그런데 몇 년 새 낭창낭창하지만 가벼웠던 몸놀림은 사라지고, 손발은 마치 슬로 모션 버튼이라도 눌린 듯 느리고 힘겹고, 걸음걸이는 마치 금방이라도 넘어질 듯 서투르게 변해 있었다. 그중에서도 날 가장 놀라게 했던 건 쉴 새 없이 떨리는 입술과 손가락이었다. 시간이 느려진 듯한 육체의 다른 부분과는 달리, 입술과 손가락만은 마치 전동 모터라도 달린 듯 쉴 새 없이 떨리고 있었다. 순간 알았다. 그 몇 년 사이 할아버지에게 파킨슨병이 침범했다는 것을.

파킨슨병, 당시 내게는 햄버거나 아이스크림처럼 친숙하고 익숙한 단어였다. 하지만 그 병을 가진 사람의 증상을 (자료가 아닌) 실제로 본 것은 처음이었고, 그것도 사랑하는 할아버지의 얼굴에서 보게 되리라고는 생각조차 한 적이 없었다. 도파민, 아포토시스, MN9D, Bcl-2, Bcl-Xl, Bax, Calpain, Staurosporine, MPTP 등 방금 전까지 실험실에서 사용했던 단어들이 떠올랐다. 그리고 뭔가 다른 묵직함이 가슴속에 메이듯 걸려왔다. 독립적으로 배양할 때는 쉽게 쓰이고 쉽게 버려질 수 있었던 그 세포들이, 하나의 개체 속에 존재할 때, 한 명의 사람 안에 위치할 때 얼마나 큰 무게감을 지니게 되는지를 나는 그날 어렴풋이나마 알게 되었던 것이다.

한때 의사를 꿈꿨었다. 잘할 수도 있을 것도 같았다. 애초에 피를 두려워한 적이 없었고, 아픈 이를 치료한다는 것은 꽤 멋진 일이라는 생각이 들었으니까. 하지만 그 순간, 나는 내가 의대에 가지 않은 것을 다행으로 생각했다. 실험실의 나는 그 어떤 질병이나 질환이라도 그 자체만을 대할 수 있었지만, 의사라면 그 질병을 지닌 인간을 마주해야 한다는 사실을 깨달은 것이다. 그 묵직한 중압감은 도저히 견디기 어려워 보였다. 그래서 궁금해졌다. 온갖 다양한 질환을 마주하는 의사들은, 특히나 인간을 다른 여타의 생명체와 가르는 의식과 인식에 관한 문제로 육체적 고통뿐 아니라 영혼의 파열까지 겪고 있는 사람들을 대하는 사람들은 도대체 어떻게 그 무게감을 견뎌내고 있을까.

저마다 각자의 노하우가 있겠지만, 그중에서도 마음이 가는 건,

질병을 일종의 객체로만 바라보지 않고, 즉, '치료' 혹은 '교정'해야만 하는 골칫거리로만 바라보지 않고, 질환이 아니라 환자를 중심에 둔, 나아가 '환자'라는 겉모습에 가려진 '사람'에 초점을 맞춘 관점이었다. 그리고 그 관점을 세상에 널리 알린 인물로는 올리버 색스를 빼놓을 수 없다. 올리버 울프 색스는 아마도 대중에게 가장 널리 알려진 신경학자일 것이다. 그를 가장 유명하게 만든 것은 『아내를 모자로 착각한 남자』(조석현 옮김, 알마, 2016)였다. 제목만으로는 마치 부조리한 환상소설을 떠올리게 하는 이 기묘한 이야기의 주인공인 P 선생은, 뇌의 시각피질에 생긴 이상으로 인해 시각적 인식에 문제가 생겼다. 이러한 이상 증상이 생겨난 이후, P선생은 사물을 통합적으로 바라보는 능력을 잃고 추상적인 인식만 가능해진다. 예를 들어 가죽장갑을 보면, 장갑이라는 통합적 실체로 바라보지 못하고, '표면이 단절되어 있지 않고 하나로 이어져 있으며 작은 주머니가 다섯 개 달린 물체'라는 추상적 개념으로만 보는 것이다. 그렇기에 그의 눈에는 아내의 머리와 자신의 중절모가 모두 그저 둥근 모양의 물체로만 인식되어서 모자 대신 아내의 머리를 잡아당겨 쓰려고 하는 일이 일어난다. 그럼에도 불구하고 그는 미친 사람이 아니었다. 그의 언어적 능력 및 논리적 추론 능력은 거의 완벽했고, 음악에 대한 조예는 보통 사람의 그것을 훨씬 뛰어넘는 수준이었다. 이 과정에서 색스는 우리가 기존의 신경학에서 '결손'이라는 용어를 얼마나 분별없이 사용했는지를 꼬집는다.

의사가 자연학자와
다른 점

오랫동안 영적인 대상으로 여겨지던 정신이, 뇌라는 지극히 물질적인 대상으로부터 파생되어 드러나는 현상이라는 것이 최초로 알려진 건 19세기 중엽이었다. 1861년, 프랑스의 의사이자 생리학자였던 피에르 폴 브로카가 인간이 대뇌 좌반구의 특정 부위에 손상을 입으면 필연적으로 언어 장애가 생겨난다는 것을 최초로 알아낸 이래, 학자들은 뇌의 영역과 정신의 기능 사이에 1:1 매핑을 목표로 하는 '뇌 지도'를 그리는 데 몰두했다. 뇌 지도에서 미지의 영역이 하나씩 매핑될 때마다 그 바탕이 된 것은 불행한 사고나 질병으로 뇌의 특정 부위의 기능을 상실한 환자들이었지만, 뇌 지도에 매핑되는 영광을 얻는 것은 이를 발견한 의사나 연구자들이었다. 측두부에서 발견한 또 다른 언어 관장 영역의 이름 역시 이 증상으로 고통받은 환자가 아니라, 이를 기록한 독일의 의사이자 생리학자였던 칼 베르니케의 이름으로 기억되고 있는 것처럼 말이다.

시간이 흐르면서 뇌와 기능 간의 관계를 그린 매핑이 더욱더 작은 조각으로, 더욱더 정교하게 매칭되었지만, 그럴수록 그 관계에서 이 결손을 가지고 살아가야 하는 '인간'은 사라졌다. 마치 어떤 식물의 특정한 유전자를 연구해 세계적인 저널에 논문을 몇 편이나 발표한 분자생물학자가 산책길에서는 자신이 연구한 식물을 알아보지 못했다는 에피소드처럼 말이다. 인간의 뇌는 일견 기계 같아 보이지만, 피아노의 건반처럼 특정 기능과 1:1 대응을 하는 것이 아니며, 전체적이고 복합적인 조율 속에서 상호 보완하는 기능을 가진다.『아내를 모자로 착각한 남자』에 등장하는 또 다른 주인공인 '몸이 없는 크리스티너'를 보자. 원인불명의 척수염을 앓은 뒤 몸을 구성하는 근육과 조직들이 제공하는 고유수용감각을 잃어 자신의 몸을 느끼지 못하는 크리스티너는 시각과 촉각 등을 이용해 다시 걷게 된다. 또 올리버 색스 자신이 눈에 생긴 흑색종 수술을 하고 난 뒤의 경험을 쓴『마음의 눈』(이민아 옮김, 알마, 2013)에서 언급한 것처럼 수술 후유증으로 생긴 커다란 맹점을 지니게 되자, 그의 시각피질이 맹점 주변으로 보이는 이미지를 복제해 시야의 검은 점을 메꿔나가는 시각적 트릭을 보여준다.

색스는 물리적 결손 그 자체보다는 그걸 가지고 살아가는 사람의 삶에 주목했다. 다시 말해, 난감한 증상을 겪는 한 인간이 보여주는, 결손을 극복하고 주체성을 되찾으려고 다양한 방법들에 주목했던 것이다. 그는 통계치에 기반한 객관적 자료가 아니라, 특정한 환자의 삶을 밀도 있게 관찰하고 기록하고 분석하면서 한 명의 개인에게 맞는 특정한 스토리를 써내려간다. 그래서 그의 책은 하나의 주제를 다루었지만, 각각 다른 증상을 가지는 '개개의' 환자들의 이야기가 살아 숨 쉰다. 이런 방식의 서술은 그의 초기작인『편두통』(강창래 옮김, 안승철 감수, 알마, 2011)과『깨어남』(이민아 옮김, 알마, 2012)에서부터 두드러지게 드러난다. 그들은 모두 하나의 증상(머리의 한

쪽이 아픈 편두통)을 앓고 있고, 오래전에 앓았던 뇌염의 후유증으로 인해 육체의 감옥에 갇혀 있다가 엘-도파의 자극에 의해 '깨어남'을 겪었으나 세부 증상은 천차만별로 나타난다.

색스는 그런 개인의 이야기에 대해 귀를 기울이고 눈을 맞춘다. 얼핏 이는 소위 '과학적'이라고 일컬어지는 특징들이 못 된다. 과학의 법칙은 개인의 일화보다는 보편적 경험을 중시하고, 특징적 소견보다는 통계적 평균에 더 집중하기 때문이다. 하지만 색스는 "의사가 자연학자와 다른 점은 다양한 생명체들이 환경에 적응하는 방식을 이론화하는 것보다, 단 하나의 생명체, 역경 속에서 자신의 주체성을 지키려고 애쓰는 한 인간에게 마음을 두는 것"이라고 하는 아이비 맥킨지의 말에 깊이 공감한 사람이었다. 그는 자연 속에서 살아가지만, 인간을 다루는 일을 하기 때문에 각자에게 있어 세상 전부라고 할 수 있는 개인의 삶에 집중하는 것이 더 본질에 가까이 다가가는 방법이라고 생각했다. 그래서 올리버 색스는 단지 질병의 원인을 밝히고 치료를 목적으로 질병에 접근하는 것이 아니라, 질병을 안고 살아가는 개인의 삶에 집중하여 질병의 연대기 겸 개인의 일생을 써내려갔다. 그리고 그것이 오랫동안 사람들을 이들의 입장에서 울고 웃고 공감하게 만든 색스 박사의 책만이 지닌 '인간다운, 인간에 의한, 인간을 위한 신경학 이야기'라는 고유의 특징을 만들어내고, 더 많은 이들의 마음을 흔들었던 것은 아닐까.

사람의 이야기를 좀 더 듣고 싶고, 좀 더 이야기하고 싶다는 색스 박사의 '인간에 대한 애정'은 처음에는 의사로서 그를 찾아오는 환자들의 이야기에 집중하게 하다가 점차 스스로 그들의 세계로 들어가는 것을 거쳐, 그 자신이 환자이자 치료사 및 관찰자가 되어 이야기를 써내려가는 것으로 나아간다. 『목소리를 보았네』(김승욱 옮김, 알마, 2012)에서는 듣지 못하는 이들이 수화를 통해 소통하는 과정 속에 직접 녹아 들어가 그들을 '청각 장애인'으로 대하는 것이 아니라, 스스로를 '수화 장애인'으로 인식하여 그들의 삶을 이해하려 했었고,『색맹의 섬』(이민아 옮김, 알마, 2018)에서는 전 인구의 12분의 1이 전색각 이상을 지닌 사람들이 살고 있는 미크로네시아의 작은 섬으로 찾아가 그들과 함께 살아가며 아무도 눈여겨 꼼꼼히 보지 않았고, 귀 기울여 세세히 듣지 않았던 그들의 이야기를 한 줄 한 줄 써내려간다.

색스의 다양한 저작들 중에서 특히나 흥미로웠던 것들은 그 자신이 환자이자 치료자이자 관찰자의 역할을 동시에 수행하는 경우였다. 『나는 침대에서 내 다리를 주웠다』(김승욱 옮김, 알마, 2012)와 『마음의 눈』이 바로 그것들이다. 하나는 여행 중에 다리를 다치고 난 뒤, 후유증으로 일시적 마비 증세와 감각 이상 증세를 겪으면서 동시에 다리를 인식하는 감각도 사라져서 자신의 다리를 눈으로 보면서도 그것이 자신의 다리라고 인식하는 능력이 사라지는 이상한 경험에 대한 이야기이며, 다른 하나는 원래부터 가지고 있었던 안면 실인증에 눈에 생긴 악성 흑색종을 수술하면서 생긴 다양한 시각적 이상 증세에 대한 이야기다. 아무리 환자에게 감정을 이입하고 가까이 다가간다 한들 환자가 느끼는 증상과 고통의 정도와 질환과 삶의 융합 정도를 의사는 간접적으로 파악하고 예측할 수밖에 없다. 하지만 그 자신이 직접 그 증상을 겪게 된다면 이야기는 더 직접적이고 생생해진다. 게다가 그 증상을 겪는 이가 다름 아닌 더없이 흥미진진하고 진솔한 이야기꾼 색스 박사라니.

자연의 일부(사람)를 다루지만, 사람을 전부로 이야기했던 올리버 색스 박사는 '의학계의 계관시인'이라는 별명처럼 수많은 책을 남겼고, 각각의 책마다 생생하게 살아 숨 쉬는 '사람'들의 이야기가 담겨 있어 그 어떤 책을 읽어도 나름의 감동을 준다. 하지만 책이 너무 많아서 어떤 책을 읽어야 할지 몰라 망설여진다면 먼저 그의 삶의 이야기를 다룬 『온 더 무브』(이민아 옮김, 알마, 2017)를 권하고 싶다.

노년의 색스가 자신의 삶에 대해 쓴 회고록인 이 책에서는 어린 시절의 삶[1]보다는 성인이 된 이후의 삶이 좀 더 확실히 드러나는데, 그의 개인사적 굴곡(색스는 동성애자였고, 독실한 유대교 신자였던 어

---

1 『온 더 무브』는 '두 번째 자서전'이라는 부제처럼 주로 성인이 되고 난 이후의 의사로서의 삶과 작가로서의 활동을 자세히 알 수 있다면, 『엉클 텅스텐Uncle Tungsten: Memories of a Chemical Boyhood(2001)』(바다출판사, 2004)은 '첫 번째 자서전'이라는 부제처럼 어린 시절의 삶, 즉 텅스텐 삼촌이라고 불렸던 화학자 삼촌의 이야기와 훗날 세상에 알려질 올리버 색스라는 인물이 만들어지기까지의 씨실과 날실의 엮임을 좀 더 자세히 알 수 있다.

머니로부터 이를 부정당해 마음의 상처를 입은 채, 평생 독신으로 살다가 70대가 되어서야 진정한 사랑을 만난다. 그렇게 정체성의 혼란을 겪는 과정에서 마약에 중독되기도 하고, 목숨을 위협하는 정신 나간(?) 짓들도 서슴지 않는다)을 들을 수 있을 뿐만 아니라, 수십 권에 이르는 그의 저서들이 그의 삶의 어떤 순간에, 어떤 것을 계기로, 어떤 주제 의식을 가지고, 어떤 집필 과정을 통해 혹은 그를 쓸 때 어떤 문제가 있었는지 등을 좀 더 일목요연하고 직접적으로 들을 수 있기 때문이다. 그래서 『온 더 무브』는 색스 박사 개인의 일생을 알려주는 동시에, 그가 남긴 다양한 책들 중에서 자신이 좀 더 마음이 가는 책들을 골라서 읽거나, 혹은 빠진 책들을 찾아낼 수 있는 안내서로도 훌륭하다.

스스로가 말했듯 평생을 '나아가는 삶on the move: a life'을 살았던 올리버 색스 박사는 눈에 발생한 흑색종이 간에 전이되어 향년 82세를 일기로 타계한다. 하지만 그가 남긴 작은 물결은 커다란 파도가 되어 아직도 많은 사람들을 해변으로 떠밀고 있다. 결국 우리는 모두 삶이라는 저마다의 노트를 메워나가는 존재라는 것, 각자의 노트는 그걸 받고 쓰는 이들에 따라 종종 두텁거나 얇아하겠지만, 빼곡하게 들어차 있거나 거의 백지상태일 수도 있지만, 깔끔하게 정리되거나 알아볼 수 없게 덧칠되거나 심지어 페이지가 한 움큼 찢겼을 수도 있지만, 각각의 노트는 타인이 함부로 폄훼할 수 없는 고유의 것이라고 알려주는 그런 해변으로 말이다.

과학적으로 살아가기 위한 준비,
숫자를 제대로 읽는 법

해마다 5월이면 문득 떠오르는 기억 한 조각이 있다. 아이들의 생일날, 해마다 건강하게 자라주는 아이들을 보면 몇 년 전의 기억이 자동 재생되는 것이다. 서른일곱, 의학적으로는 '고령 임신'의 기준이 되는 만 35세를 넘긴 상태에서 아이를 가졌다. 온갖 약물을 써서 임신한 시험관 아기였고, 게다가 쌍둥이였다. 고령 임신, 시험관 아기, 쌍둥이. 이 세 가지 조건들은 자동적으로 나를 임신에 수반되는 각종 부작용과 선천성 이상이 발생할 가능성이 높은 고위험 임산부 그룹으로 분류시켰다. 그리고 현대 의학이 예상한 대로 산전에 실시한 소위 '기형아 검사'에서 양성 판정을 받았다. 진료실에 마주 앉은 내게 의사는 확증 검사를 위해 융모막 검사를 권했다.

숫자라는 권위

현재 우리나라에서는 임신 16주경이 되면 임신부의 혈액을 통해 태아의 이상 여부를 판별하는 검사를 거의 의무적으로 실시한다(이 검사는 보건소에서도 무료로 받을 수 있다). 통칭 '기형아 검사'라고 불리는 이 검사의 정확한 명칭은 '트리플 마커 테스트triple marker test' 최근에는 트리플 마커 테스트보다는 쿼드 테스트를 더 많이 이용하는데, 이는 앞선 세 가지 검사 지표에 인히빈A라는 지표를 하나 더해 총 4가지 지표를 검사하는 방법으로 검사법과 원리는 동일하다.

트리플 마커 테스트는 이름처럼 임신부의 혈액 속에 포함된 세 가지 지표, 즉 AFP, HGC, 에스트리올의 수치를 검사해 태아의 선천성 이상 여부를 미리 스크리닝하기 위해 개발된 검사를 말한다. 이 세 가지 물질은 태아 혹은 태반에서 주로 만들어지는 물질이기에, 이들의 수치가 기준치보다 지나치게 높거나 낮으면 어떤 이유로든 태아가 보통의 경우와는 다른 발달 과정을 보일 가능성이 높다. 특히나 이 검사는 태아의 다운증후군 여부를 진단하는 1차적 지표로 쓰여 일반적으로 '기형아 검사'라는 이름으로 불리곤 한다. 따라서 이 검사에서 양성 판정이 나오면 마치 배 속의 아이가 이상이 있을 것이라는 확증을 받았다는 생각에 절망하게 된다. 하지만 실제로 트리플 마커 테스트에서 양성 판정을 받고 눈물 속에서 확진을 위한 정밀 검사(융모막 검사 혹은 양수 검사)를 받으면, 거의 대다수는 이상이 없다는 반가운 소식을 듣게 되며 실제로 이상이 있다는 판정을 받게 되는 경우는 약 2%에 불과하다. 그런데 이 확진을 위한 검사 자체가 약 1% 정도의 태아 사망 위험 가능성을 내포한다. 즉, 2%의 이상 가능성을 발견하기 위해서는 아이를 잃을 위험 1%를 감수해야 한다는 딜레마에 빠진다. 쌍둥이를 임신했던 나는 각각의 확률을 두 번 떠안아야 했다. 쌍둥이 중 한 아이가 1%의 확률에 들었다고 해서 다른 아이가 99%의 확률에 자동 배정되는 것이 아니기 때문이다.

살아가다 보면 이런 일을 흔히 겪게 된다. 건강 검진에서 이상이 발견되었다는 소식에 바짝 긴장한 채 정밀 검사를 받아보았더니 사실은 별 이상이 없는 것으로 나와서 비싼 검사비만 날렸다고 볼멘소리를 하는 경우를 말이다. 그런데 이상하다. 주변에는 초기 검사에서는 분명히 수치가 나빠서 2차 검사를 받았다는 사람은 많은데, 실제로 원래 의심하던 질병이 진단되는 경우보다는 정상 판정을 받는 사람이 훨씬 더 많기 때문이다. 그래서 1차 검사보다 훨씬 비싼 2차 검사 비용을 벌기 위해 병원이 일부러 겁을 주어 공포마케팅을 한다는 음모론을 믿거나 의사의 오진이라고 생각하면서 원색적으로 비난하기도 한다. 하지만, 애초에 왜 이런 숫자가 제시될 수밖에 없는지에 대한 의심은 대개 하지 않는다. 정확한 (+)/(-) 기호로 표시되는 양성/음성의 표기와 때로는 소수점 아래까지 표기되는 정확한 숫자값에 의한 결과물에 대해서는 별다른 의심을 하지 않는다. 우리는 숫자를 거의 절대적으로 믿기 때문이다.

『숫자에 속아 위험한 선택을 하는 사람들』(게르트 기거렌처 지음, 황승식·전현우 옮김, 살림, 2013)에서 저자는 현대 사회에서 제시되는 위험의 상당수는 명확한 숫자로 제시되고 있는데, 실제로 이 숫자의 의미가 무엇인지 제대로 알거나 해석할 수 있는 사람은 그다지 많지 않으며, 그 결과 숫자들을 오도해 잘못되거나 심지어 더 위험한 행동을 하기도 한다고 말한다. 하지만 이 숫자들은 자못 분명해 보이는 외관과는 달리 여러 가지 의미들이 내포되어 있다. 그 의미를 모르는 경우 오도하기에 그만이고, 그로 인해 잘못된 혹은 위험한 선택을 하는 경우도 많다.

과학적 생각법을 가져야

명확한 숫자가 말해주는 신호를 오도하는 현상의 근원을 거슬러 올라가면, 과학적 지식의 형성 과정에 대한 오해와 마주치게 된다. 많은 이들이 과학적 지식은 증명되었기에 믿을 만하며, 그래서 확고부동하다고 생각한다. 여기서 과학적 지식을 수식하는 말 중에서 '증명'과 '신뢰할 만함'은 적당하지만, '확고부동'은 어울리지 않는다는 것을 사람들은 간과한다.

과학적 지식의 형성 과정을 한마디로 정리하자면 부단한 실수를 통한 보편적 결과의 획득이다. 이는 과학자들이 연구하는 대상이 기본적으로 '미지의 세계'라는 점을 생각한다면 매우 당연한 결과일 수 있다. 미지의 세계란 말 그대로 아무도 모르는 세계다. 당연히 그곳에는 무엇이 있을지(혹은 없을지) 알 수 없고, 어떤 것이 통용될지(혹은 쓸모없을지)조차 알 수 없다. 초반에는 당연히 혼란스럽고 실수투성이일 것이다. 애초에 무엇이 옳은지 그른지를 판정하기 위해서는 기준값이 필요하기 마련인데, 애초에 이 기준값 자체를 알지 못하는 상태라는 것이다.

『위대한 과학자의 생각법』(서자영 옮김, 처음북스, 2015)의 저자 채드 오젤은 진짜로 중요한 것은 과학적 지식이 아니라, 과학적 지식을 알아내기 위한 '과학적 생각법'이라고 말한다. 그는 과학적 생각법이 위대한 발견을 해내는 그럴듯한 과학자의 실험실뿐만 아니라 어린 딸아이가 아빠의 스마트폰으로 몰래 〈앵그리버드〉 게임을 할 때도 적용될 수 있는 방식이라고 주장한다. 책에서는 과학적 사고방식을 LTTT라고 명명하는데, 순서대로 주어진 현상을 관찰하고Look, 관찰 결과의 이유를 생각해보고Think, 그 생각이 맞는지 검증해보고 Test, 맞는다면 그걸 사람들에게 알려서Tell 확인해보는 과정이라는 것이다. 예를 들어 세균학의 아버지 파스퇴르는 포도송이에서 짜낸 포도즙에 효모균이 번식하면 향긋한 와인이 되고, 초산균이 번식하면 시큼한 포도식초가 되는 현상을 보고Look, 효모균과 초산균의 적정 생장 온도가 서로 다른 것에 착안해 포도즙을 45℃로 가열해 효모균만 선택적으로 번식시키는 방식을 고안했으며Think, 실제로 이 방법을 시도해 수많은 포도즙을 식초가 아닌 와인으로만 발효시키는 실험을 실시해Test 자신의 가정이 맞았음을 증명했고, 이를 전국의 와인 제조업자들에게 알려Tell 그들의 이익을 확실하게 높여주었다 (대개는 식초보다 와인이 훨씬 더 비싼 값에 팔리므로 와인을 만드는 것이 수지 타산을 맞추기 좋다!). 이런 사고방식의 장점은 이를 꼭 파스퇴르처럼 위대한 과학자가 연구할 때만 사용하라는 법은 없다는 것이다.

이를 〈앵그리버드〉 게임에 적용해볼 수도 있다. 처음 보는 새로운 게임 스테이지가 열리면, 일단 터뜨려야 하는 초록 돼지들의 위치와 장애물의 위치와 새총에 걸린 '화난 새'의 종류를 파악하고Look, 이 화난 새들을 손가락으로 어떻게 드래그해서 어떤 각도로 날려야 장애물들을 피해 초록 돼지들을 터뜨릴 수 있을지 가늠해보며Think, 실제 새들을 날려서 생각하는 결과가 나왔는지를 보고 잘못되었다면 날리는 각도와 강도를 수정해서 여러 번 게임을 수행한 뒤에Test, 스테이지를 클리어하면 이를 다른 유저들에게 알리고 우쭐해하면서 다른 이들도 이 단계를 넘어 다음 판을 즐길 수 있도록 돕는Tell 과정으로 설명할 수 있다. 사실 이런 종류의 문제 접근법은 실험실이든 일상에서든 접하는 거의 모든 의문과 문제 해결에 적용할 수 있는 꽤 유용한 생각법이다. 이 책의 저자는 이러한 사고방식 자체가 과학의 진짜배기 진실이며, 인류가 여타의 다른 동물들과 갈라지는 지점이 바로 이런 논리적 사고방식을 깨달아 공유하기 시작했던 시점이므로, 인류의 탄생은 과학으로부터 시작한다고 말한다.

과학적 생각법은 과학자들의
전유물이 아니다

앞서 말한 검사의 확률 문제로 다시 돌아가보자. 이 트리플 마커 테스트의 목적은 기본적으로 다운증후군 가능성이 있는 그룹을 스크리닝하는 것이다. 다운증후군은 보통의 경우라면 2개만 존재해야 하는 21번 염색체를 3개 가지는 경우로, 융모막이나 양수 속에 포함된 태아의 세포를 검사하면 거의 100% 확실하게 진단이 가능하다. 하지만 이 방법은 비용도 높은 데다가 검사 자체가 침습적이기 때문에 이로 인해 태아가 사망할 확률이 1% 정도 존재하므로 상당히 위험이 높은 방법이다. 일반적으로 다운증후군 발생 가능성은 0.1% 미만이기 때문에 이를 진단하기 위해 모든 임신부들이 이 검사를 받을 필요는 없다. 가능성이 높은 그룹만 선별적으로 받는 것이 더 유리하다. 그 선별 기준을 가르는 것이 바로 트리플 마커 테스트 같은 스크리닝 검사이다. 다시 말해, 다운증후군 환아를 확진하는 방법은 비싸고 위험성이 높다(Look)-가능성이 위험성보다 높은 그룹만 선별하는 방법은 없을까(Think)-트리플 마커 테스트를 하면 가능성이 높은 그룹을 선별할 수 있다(Test)-임신부에게 먼저 트리플 마커 테스트를 실시하면 전체 비용과 위험성을 줄일 수 있으니 널리 알려야 한다(Tell)의 관계로 풀 수 있다는 것이다. 과학자들이 만들어내는 숫자의 이면에는 늘 이런 과학적 사고 과정이 숨어 있다. 다시 말해 이러한 '과학자의 생각법'에 대한 이해가 있어야만 '숫자에 속아 위험한 선택을 하는'

손해를 보지 않고 좀 더 도움이 되는 자료를 찾아 좀 더 긍정적인 판단을 내릴 수 있다는 것이다.

솔직히 말해 과학자로 훈련받지 않은 사람이 하루아침에 이런 사고방식을 이해할 수 있는 것은 아니다. 이를 위해서는 연습이 필요하고, 연습에는 교재가 필요한 법이다. 그걸 도와줄 만한 책이 『생각의 재구성』(마리아 코니코바 지음, 박인균 옮김, 청림출판, 2013)이다. 과학적인 사고방식을 알려주는 훌륭한 책은 매우 많지만, 그중에서도 이 책의 강점은 재미있다는 것이다. 원래 사고방식을 알려주는 책은 어렵거나 지루하거나 미묘하게 사람의 신경을 긁는 느낌이 있다. 가뜩이나 강박이 심한 세상, 생각만큼은 자유롭게 하고 싶은데 그 생각하는 방법까지 일일이 지적질을 받아야 하다니! 하지만 이 책은 대놓고 생각하는 법을 가르치고 있음에도 불구하고 재미를 놓치지 않아 이런 불편함을 부드럽게 녹여준다. 이를 위해 작가가 제시하는 방법은 탐정계의 전설이자 최고의 콤비인 홈즈와 왓슨을 자신의 대리인으로 내세우는 것이다.

작가는 이성적이고 논리적이고 분석적인, 다시 말해 과학적 사고방식의 대표자로 홈즈를 설정하고, 감성적이고 즉각적이고 융통성 있는, 다시 말해 직관적 사고방식의 대표자로 왓슨을 설정해 이 두 사람이 각각의 소설 속 에피소드에서 단서를 어떻게 해석했는지, 그 과정이 어떻게 진행되었는지, 결과가 어떻게 판정이 났는지를 마치 흥미진진한 소설을 친구에게 들려주듯 풀어낸다. 홈즈의 논리적 기발함에 감탄하고 사람 좋은 왓슨의 어설픈 실수에 실소를 머금으며 이야기를 따라가다 보면 어느새인가 과학적으로 생각한다는 것에 대한 두려움이 희미해지는 신기한 경험을 하게 되니 한번쯤 그들의 이야기에 귀를 기울여보시길!

여성의 진화, 혹은 본성

『어머니의 탄생』
세라 블래퍼 허디 지음, 황희선 옮김,
사이언스북스, 2010

『여성은 진화하지 않았다』
세라 블래퍼 허디 지음,
유병선 옮김, 서해문집, 2006

『체체파리의 비법』
제임스 팁트리 주니어 지음,
이수현 옮김, 아작, 2016

『털 없는 원숭이』
데즈먼드 모리스 지음, 김석희 옮김,
문예춘추사, 2011

『가슴 이야기』
플로렌스 윌리엄스 지음, 강석기 옮김,
MID, 2014

『자궁의 역사』
라나 톰슨 지음, 백영미 옮김,
아침이슬, 2001

『마이 버자이너』
엘토 드랜스 지음, 김명남 옮김,
동아시아, 2017

『이브의 몸』
메리앤 리가토 지음, 임지원 옮김,
사이언스북스, 2004

『여자, 내밀한 몸의 정체』
나탈리 앤지어 지음, 이한음 옮김,
문예출판사, 2017

『모성 혁명』
산드라 스타인그래버 지음,
김정은 옮김, 바다출판사, 2015

『인류의 기원』
이상희·윤신영 지음,
사이언스북스, 2015

『지나 사피엔스』
레너드 쉴레인 지음, 강수아 옮김,
들녘, 2005

내면의 아름다움을 찾아

『해부학자』
빌 헤이스 지음, 박중서 옮김,
박경한 감수, 사이언스북스, 2012

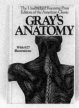

『Gray's Anatomy』
Henry Gray,
Running Pr Book Pub, 1974

『사람 몸의 구조』
안드레아스 베살리우스 지음,
엄창섭 해설, 그림씨, 2018

『자연의 예술적 형상』
에른스트 헤켈 지음, 엄양선 옮김,
이정모 해설, 그림씨, 2018

『해부하다 생긴 일』
정민석 지음, 김영사, 2015

『인체 완전판』
앨리스 로버츠 지음, 박경한·권기호·
김명남 옮김, 나성훈·남우동·이서영·
조은희·최대희 감수, 사이언스북스, 2017

『Body Worlds The Original
Exhibition of Real Human Bodies』
Dr. Gunther von Hagens,
Arts & Sciences, 2006

『메스를 든 인문학』
휴 앨더시 윌리엄스 지음,
김태훈 옮김, 알에이치코리아, 2014

제 몸뚱이 건사하며 살기 힘든 사회

『레드마켓, 인체를 팝니다』
스콧 카니 지음, 전이주 옮김,
골든타임, 2014

『두 개 달린 남자, 네 개 달린 여자』
에르빈 콤파네 지음, 장혜경 옮김,
생각의날개, 2012

『헨리에타 랙스의 불멸의 삶』
레베카 스클루트 지음,
김정한·김정부 옮김, 문학동네, 2012

『인체 시장』
도로시 넬킨·로리 앤드루스 지음,
김명진·김병수 옮김, 궁리, 2006

『인체 쇼핑』
도나 디켄슨 지음, 이근애 옮김,
소담출판, 2012

함께 비를 맞는 것의 가치

『아픔이 길이 되려면』
김승섭 지음, 동아시아, 2017

『괴짜사회학』
수디르 벤카테시 지음, 김영선 옮김,
김영사, 2009

『바른 마음』
조너선 하이트 지음, 왕수민 옮김,
웅진지식하우스, 2014

『사회 역학』
리사 버크먼·이치로 가와치 엮음,
신영전 외 옮김, 한울, 2017

『몸은 기억한다』
베셀 반 데어 콜크 지음, 제효영 옮김,
을유문화사, 2016

유전자의 내밀한 역사

『유전자의 내밀한 역사』
싯다르타 무케르지 지음, 이한음 옮김,
까치, 2017

『눈먼 시계공』
리처드 도킨스 지음, 이용철 옮김,
사이언스북스, 2004

『게놈 익스프레스』
조진호 지음, 위즈덤하우스, 2016

『유전, 운명과 우연의 자연사』
제니퍼 애커먼 지음, 진우기 옮김,
양문, 2003

『유전자 사냥꾼』
아델 글림 지음,
한국여성과총 교육홍보출판위원회 옮김,
해나무, 2016

『유전자 개념의 역사』
앙드레 피쇼 지음, 이정희 옮김,
나남, 2010

『우생학: 유전자의 숨겨진 역사』
앙드레 피쇼 지음, 이정희 옮김,
아침이슬, 2009

『천재공장』
데이비드 플로츠 지음, 이경식 옮김,
북앤북스, 2005

우리는 생각보다 더 착하다

『이성적 낙관주의자』
매트 리들리 지음, 조현욱 옮김,
김영사, 2010

『우리 본성의 선한 천사』
스티븐 핑커 지음. 김명남 옮김,
사이언스북스, 2014

『침묵의 봄』
레이첼 카슨 지음, 김은령 옮김,
홍욱희 감수, 에코리브르, 2011

『문명의 붕괴』
재레드 다이아몬드 지음. 강주헌 옮김,
김영사, 2005

『도둑 맞은 미래』
테오 콜본·다이앤 듀마노스키·
존 피터슨 마이어 지음, 권복규 옮김,
사이언스북스, 1997

『본성과 양육』
매트 리들리 지음, 김한영 옮김,
이인식 해설, 김영사, 2004

『빈 서판』
스티븐 핑커 지음. 김한영 옮김,
사이언스북스, 2004

과학자라기보다는 시인에 가까웠던 누군가의 삶

『온 더 무브』
올리버 색스 지음, 이민아 옮김,
알마, 2017

『아내를 모자로 착각한 남자』
올리버 색스 지음, 조석현 옮김,
알마, 2016

『마음의 눈』
올리버 색스 지음,
이민아 옮김, 알마, 2013

『편두통』
올리버 색스 지음, 강창래 옮김,
안승철 감수, 알마, 2011

『깨어남』
올리버 색스 지음, 이민아 옮김,
알마, 2012

『목소리를 보았네』
올리버 색스 지음,
이민아 옮김, 알마, 2018

『엉클 텅스텐』
올리버 색스 지음, 이은선 옮김,
바다출판사, 2004

과학적으로 살아가기 위한 준비, 숫자를 제대로 읽는 법

**『숫자에 속아 위험한
선택을 하는 사람들』**
게르트 기거렌처 지음, 황승식·
전현우 옮김, 살림, 2013

『위대한 과학자의 생각법』
테드 오젤 지음, 서자영 옮김,
처음북스, 2015

『생각의 재구성』
마리아 코니코바 지음, 박인균 옮김,
청림출판, 2013

3단

물리학에 매혹된 과학자,

이강영의 책장

현대 입자물리학이
서 있는 곳

입자물리학은 '물질이란 무엇인가'라는 질문에 대한 궁극적인 대답을 찾으려는 분야다. 이 질문은 물리학의, 아니 자연과학의 가장 근본적인 질문이다. 그러므로 아주 오래전부터 세계의 원리를 탐구하려는 사람들은 나름대로 이 질문을 놓고 고민해왔고, 자신의 세계관에 따라 나름의 답을 내놓았다.

근대과학이 성립된 이후 이 질문의 답은 대체로 원자라는 개념으로 수렴해갔다. 화학의 지식이 쌓이고 열역학이 발전하면서 원자라는 개념은 차츰 구체성을 더해갔으며, 마침내 20세기에 이르자 원자는 더 이상 추상적인 개념이 아니라 구체적인 실체가 되었다.

그런데 아이러니하게도 그렇게 되자마자, 원자는 세상을 구성하는 기본적인 단위라는 자리에서 내려와야 했다. 그 이유는 원자를 구체적인 실체로 다루게 되자 곧 원자 내부에도 구조가 존재한다는 것이 밝혀졌기 때문이다. 원자는 기본 입자가 아니라, 작고 무거운 양전하 뭉치인 원자핵과 아주 가벼운 음전하 입자인 전자가 전기력으로 서로 묶여 있는 상태다. 나아가서 원자핵은 다시 양전하를 갖는 양성자와 전기적으로 중성인 입자인 중성자가 뭉쳐 있는 상태임을 알게 되었다. 20세기 중반까지 물질의 기본 단위를 연구하는 일은 곧 이러한 원자핵을 연구하는 일이었다.

입자 물리학 이야기

다음으로 물리학자들은 양성자의 구조를 탐색하기 시작했다. 그 과정에서 파이온, 케이온 등을 비롯한 여러 가지 새로운 입자가 발견되기 시작했다. 특히 1930년대부터 개발되기 시작한 가속기는 물질의 구조를 탐색하는 데 매우 강력한 도구임이 밝혀졌다. 1950년대부터 대형 가속기가 건설되고 가속기 실험이 본격적으로 시작되면서, 더욱 더 많은 새로운 입자들이 발견되었고, 물질의 기본 구조를 이해하는 일은 새로운 국면에 들어섰다.

우리가 입자물리학이라고 부르는 분야는 이때쯤부터 시작되었다고 할 수 있다. 그래서 오늘날 구체적인 의미로 입자물리학을 원자핵 이하의 세계를 연구하는 분야라고 하면 거의 맞다. 입자들에 대한 연구는 1960년대에 더욱 크게 진전을 보였다. 다시 쿼크라는 새로운 종류의 입자가 양성자와 중성자를 비롯한, 그동안 발견된 수많은 입자들을 구성한다는 것이 밝혀졌다. 한편으로는 원자의 구조를 설명하기 위해 개발된 양자 이론을 전자기 상호작용에 적용하는 양자전기역학이 수립되어 체계적으로 기본입자의 상호작용을 다루는 길이 열렸다. 이런 실험적, 이론적인 발전의 결과로 중력을 제외한 전자기력, 약한 핵력, 강한 핵력을 모두 게이지 양자 장이론이라는 형식으로 일관되게 설명하는 이론인 표준모형이 1970년대 초에 수립되었고, 실험적으로 검증되기 시작했다.

이후 지금까지 50년 동안 표준모형의 모든 세부가 철저하게 검증되었다. 표준모형에 나오는 입자는 2012년 힉스 보손이 발견됨으로써 모두 발견되었고, 표준모형의 구조도 거의 전부 확인되었다. 아직 완전히 검증되지 않고 남아 있는 부분은 힉스 보손의 자체 상호작용의 효과뿐이며, 표준모형과 어긋나는 실험 결과는 중성미자의 질량뿐이다. 표준모형은 우리가 알고 있는 물리 현상의 거의 전부를 놀랍게도 정확히 설명해주는 이론으로서, 현대 물리학이 이룩한 가장 위대한 성취 중 하나다.

입자물리학 이야기를 담은 책은 세상에 많이 있지만, 그중에서도 스티븐 와인버그의 『최종 이론의 꿈』(이종필 옮김, 사이언스북스, 2007)과 리언 레더먼의 『신의 입자』(리언 레더먼·딕 테레시 지음, 박병철 옮김, 휴머니스트, 2017), 이 두 권을 가장 먼저 추천하고 싶다. 이 두 권은 사실상 짝을 이룬다고 해도 좋을 만큼 여러 가지 면에서 대비되는 한 쌍이다.

우선 각각 현대 입자물리학에서 이론과 실험의 대가가 쓴 책들이라는 점을 들 수 있다. 와인버그는 표준모형의 가장 핵심적인 방정식을 완성한 사람으로서, 사실상 표준모형을 만든 사람이라고 불러도 좋다. 이 업적으로 와인버그는 글래쇼, 살람과 함께 1979년에 노벨 물리학상을 수상했다. 레더먼은 1962년에 두 번째 중성미자를 발견한 업적으로 1988년에 노벨 물리학상을 수상했고, 미국 최대의 가속기 연구소였던 페르미 연구소의 소장을 지내며 1977년에는 다섯 번째의 쿼크인 보텀 쿼크를 발견했다. 이처럼 두 사람은 각각 현대 입자물리학의 이론과 실험을 대표할 만한 대가다. 그러므로 이 책들에는 현대입자물리학에 대한 그들의 깊은 이해와 세부 사항에 대한 생생한 묘사가 돋보인다.

두 책은 거의 같은 시기인 1992년과 1993년에, 비슷한 목적을 가지고 출간되었다. 1990년대 초에 미국에서는 초전도 초충돌장치 Superconducting Super Collider, SSC가 건설되고 있었다. 이 두 책에는 물리학이 SSC에서 또 다시 새로운 도약을 이룰 것에 대한 기대가 드러나 있다. 심지어 와인버그는 『최종 이론의 꿈』으로 SSC 건설을 뒷받침하려는 의도를 숨기지 않는다. 『신의 입자』에도 SSC가 처음 착상되고 결정되는 과정이 유머러스하게 묘사되어 있다. 그러나 잘 알려져 있다시피 SSC 계획은 1993년 가을에 전격적으로 취소되어 역사상 가장 큰 충격을 과학계에 남겼다. 두 권은 모두, 또 다시 비슷한 시기인 2007년과 2006년에 개정판이 출간되었는데, 두 저자 모두 SSC 실험이 취소된 충격과 회한을 책에 덧붙이고 있다.

🌐 세상의 구조 깊은 곳을 엿보는 경이감

이러한 공통점이 있는 한편, 크게 대조를 이루는 면도 있다. 물론 저자가 이론물리학자와 실험물리학자인 만큼 서술하는 내용과 주제가 다른 것은 당연하다. 하지만 그 이전에 두 책에서 저자들의 자세는 확연히 다르다. 와인버그는 이 책을 통해 물리학에 대한 그의 통찰을 전달하고 싶어 한다. 그래서 세부 지식을 설명하려고 하거나 역사적인 순서로 서술하려고 하지 않고 환원주의, 물리학에서 아름다움, 이론과 실험, 최종 이론의 모양 등의 심오한 주제를 택해서 현대 물리학의 관점에서 진지한 논의를 전개한다. 그래서 이 책을 읽으면 당대의 대가가 물리학에 대해서 가지고 있는 통찰을 맛보는 드문 기회를 얻게 된다. 그러면서 와인버그는 철학자들이 과학을 대하는 자세에 대해 비판적인 생각도 거침없이 드러내는데, 그 결과 이 책은 인문학자들과 과학자들 사이에 과학의 본질을 놓고 벌어졌던 논쟁인 소위 '과학전쟁'의 원인 중 하나가 되었다. 이러한 책이므로, 물리학에 대해 큰 관심이 없는 독

자들에게는 다소 딱딱하게 느껴질 수 있다. 한편 레더먼의 집필 의
도는 전혀 다르다. 레더먼은 어디까지나 재미있게 독자를 입자물리
학의 세계로 데려가서 한바탕 신나는 여행을 시켜주려는 생각이다.
그래서 데모크리토스와의 가상의 대화를 삽입하기도 하고, 자신의
구체적인 경험을 아주 자세히 소개하기도 하며, 물리학자들에 관한
여러 가지 농담을 소개하기도 한다.

이렇게 얼핏 겉모습으로는 판이하게 보이는 두 책이지만, 가만
히 읽어보면 두 책은 결국은 같은 방향을 향하고, 같은 느낌을 전하
려고 하고 있다는 것을 알 수 있을 것이다. 그 느낌이란 바로, 세상의
구조 깊은 곳을 엿보는 경이감이다. 다양한 현상 속에서 우아한 대
칭성을 찾아내는 일, 물질과 우주가 연결되고 이론과 데이터가 정교
하게 만나서 세계를 설명하는 일. 이런 이유로 입자물리학에 관심을
가지기 시작하려는 사람이 있다면 나는 앞으로도 이 분야에서 오래
읽힐 고전인 이 책을 출발점으로 삼을 것을 권하고 싶다.

물론 이 책들에도 아쉬운 점들은 있다. 이 두 책의 한 가지 공통
된 단점은 가장 큰 장점의 그림자다. 즉 입자물리학의 황금기를 이
끌었던 대가들이 쓴 책이라는 것이다. 저자들은 입자물리학의 표준
모형을 이루는 이론적인 틀과 이에 대한 통찰, 그리고 실험적 검증
과정의 여러 세부 사항 및 그 의미에 대해서 더할 나위 없이 잘 설명
하고 있다. 그러나 와인버그가 1933년생, 레더먼이 1922년생으로,
1960년대와 1970년대에 전성기를 보낸 세대이고, 당연히 이 책들

은 그 세대의 시각으로 쓴 책이다.

와인버그가 표준모형의 방정식을 처음 쓴 지도 50여 년이 지났다. 50년 동안 물리학에 대한 이해의 정도와 관점이 그대로일까? 물리학 법칙은 세월이 지나도 변하지 않는다고 할지 모르겠다. 물론 그렇다. 그러나 사람들이 물리학 법칙을 이해하는 정도는 당연히 변한다. 뉴턴의 물리학은 지금도 학교에서 가르치고 있지만 지금의 교과서는 백 년 전의 교과서와 크게 다르다.

또한 이 책들은 둘 다 1990년대 초반에 나온 책들이다. 따라서 현재 가장 중요한 역할을 하고 있는 가속기인 LHC에 대한 직접적인 내용이 없다. LHC에서 힉스 보손을 발견한 내용도 없다. 따라서 이런 부분은 새로 나온 책을 통해서 보완해주어야 한다. 그래서 그런 역할을 할 만한 책 몇 권을 추가로 소개한다.

입자물리학과 LHC에 대한 가장 훌륭한 안내서

먼저 잔 프란체스코 주디체의 『젭토스페이스』(김명남 옮김, 휴머니스트, 2017)가 있다. 주디체는 현재 LHC 가속기를 운영하는 유럽입자물리학연구소 CERN의 이론부장을 맡고 있는 사람이므로, LHC에서의 물리학을 설명해줄 사람으로는 최고의 적임자다. 전체가 3부로 이루어진 이 책의 1부는 앞에서 이야기한 대로 원자에서 표준모형에 이르는 입자물리학의 여정을 소개하고 있고, 2부에서는 LHC 실험에 관해서, 그리고 3부에서는 LHC에서 탐구하고자 하는 물리학을 소개하고 있다. 주디체는 이론 물리학자지만 LHC를 바로 옆에서 지켜보는 사람답게, 세부에 이르기까지 아주 구체적이고도 생생하게 이 위대한 실험을 준비해온 과정과 거대한 기계장치에 대해 설명한다.

리사 랜들의 『천국의 문을 두드리며』(이강영 옮김, 사이언스북스, 2015) 역시 LHC에서의 물리학에 초점을 맞춘 책이다. 하버드대학의 이론물리학자인 저자는 주디체의 책보다는 좀 더 이론적인 관점에서 LHC가 탐구하려고 하는 물리학이 무엇이며, 왜 그러한 물리학이 필요한지를 논한다. 그래서 역사적인 순서보다는 와인버그의 책처럼 각 장이 주제별로 구성되어 있다. 특히 랜들은 스케일scale이라는 개념이 물리학을 바라보는 데 매우 중요하다는 것과, 왜 우리가 스케일에 따라서 물리 현상을 이해해야 하는지에 초점을 맞추고 있다. 이렇게 특정 스케일에서 물리학을 설명하는 이론을 유효 이론 effective theory이라고 하는데, 이런 면이야말로 새로운 세대의 물리학자의 모습이다(그런데 사실 스티븐 와인버그는 유효 이론 개념을 처음 발전시킨 사람 중의 하나기도 하다).

마지막으로 소개할 책은, 여기에 포함시킬지 말지를 몹시 고민했던 책이다. 왜냐하면 바로 내가 쓴 책이기 때문이다. 리스트의 완성도를 위해서 간단히 소개하도록 하자. 이강영의 『LHC, 현대 물리학의 최전선』(사이언스북스, 2014)도 제목 그대로 LHC 실험을 소개하기 위한 책이다. 1부에서는 역시 원자에서 현대의 입자물리학 연구에 이르는 여정을 요약해놓았고, 2장에서는 보다 자세히 입자물리학을 설명한다. 3부에서는 유럽입자물리연구소^{CERN}를, 4부에서는 LHC를 소개한다. 이 책의 4부를 보면 주디체의 『젭토스페이스』와 비슷한 내용이 간간이 눈에 띄는데, 그 이유는 간단하다. CERN에서 발표한 같은 자료를 가지고 썼기 때문이다. 아마도 주디체와 내가 이 책들을 집필한 시기는 거의 같을 것이다. 사실 랜들의 책 역시 그렇다.

주디체는 1961년생, 랜들은 1962년생, 나는 1966년생으로, 와인버그와 레더먼이 만든 물리학을 배우며 자란, 그들의 다음 세대다. 그러므로 이 책들은 정확히 앞에서 지적했던 두 고전의 단점을 보충해주는, 새로운 세대의 책이다. 그러면 이 책들도 와인버그와 레더먼의 책처럼 고전으로 남게 될까? 그럴 가치가 있을까? 지금 판단하기는 어렵다. 하지만 적어도 지금 입자물리학과 LHC에 대해서라면 이 책들은 가장 훌륭한 안내서다.

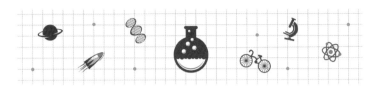

절대적인 고요 속의
물리학

물리학자라고 하면 아마도 대학의 실험실이나 연구실에서, 평범한 옷차림으로 실험 장치를 조작하거나 노트에 뭔가를 열심히 계산하는 모습을 떠올릴 것이다. 그럼 다음의 모습은 어떨까?

나는 플리스 바지와 칼하트, 두꺼운 양말에 부츠를 신고 있습니다. 거기에 여러 겹의 내복과 재킷을 입고 있고 장갑도 몇 겹 겹쳐 끼고 있습니다. (중략) 게다가, 나는 바람이 얼굴에 닿는 것을 싫어하기 때문에, 후드와 플리스 폴라, 숨쉬기 위한 튜브 그리고 안전을 위해 헬멧까지 추가로 더 입습니다. 그리고 나서 고글을 낍니다.

이 모습은 위스콘신 대학교의 물리학자 개리 힐이 일하던 모습이다. 대체 물리학자가 무슨 일을 하길래 몇 겹의 장갑을 끼고 헬멧을 쓰고 고글을 껴야 하는 걸까? 개리 힐은 우주에서 날아온 중성미자를 검출하는 실험인 아이스큐브에서 일한다. 아이스큐브는 중성미자를 검출하기 위해서 황당하게도 남극 대륙의 거대한 얼음 그 자체를 검출기로 이용하는 실험이다. 그래서 아이스큐브는 남극점에 위치해 있고, 실험 장치를 설치하기 위해서 물리학자들도 저런 모습으로 영하 수십 도의 바깥에서 작업을 해야 했다.

현대 물리학의 거대한 발전은 오늘날 인간이 물질의 구조와 우주의 모습에 대해 이해하는 수준을 이전 시대와는 비할 수가 없도록 높여놓았다. 우리는 이제 자연 현상에 관한 부분적인 지식이 아니라 전체 상을 가지고 있다고 믿는다. 비유하자면, 예전의 지식이 부분 부분에 대한 지식을 쌓아놓은 것이었다면, 20세기 이후에는 완벽하지는 않을지 모르지만 전체의 모습이 담긴 지도를 손에 든 것이라고 할 수 있겠다.

⚛ 물리학의 극한

과학에 관심이 많은 사람들에게 현대 물리학은 가장 인기 있는 주제다. 우리의 직관과 크게 다른 현상을 보여주는 상대성 이론과 양자역학, 대체 어떤 존재인지도 이해하기 어려운 쿼크나 힉스 보손 등의 이야기는 지금 인간이 상상할 수 있는 어떤 극한을 보여준다는 의미에서 흥미로울 수밖에 없다. 그런데 현대 물리학을 소개하는 책에서 다루고 있는 내용은 사실 거의 모두가 물리학 이론이다. 이론을 설명하고, 그 역사적 맥락과 주변 이야기를 묘사하는 내용이 대부분이다. 물리학 이론이 매우 체계적이다 보니, 기초부터 소개하는 데 많은 페이지가 할애되기도 한다. 관련된 실험적 발견을 다룬다 해도, 실험 결과만 소개할 뿐이다.

말할 필요도 없이 물리학은 경험 과학이기 때문에 모든 이론은 실험실에서 검증되고 최종적인 판결을 받는다. 그러나 실험이 아무리 중요하다고 해도 실험을 소개하는 일은 그리 쉽지 않다. 어떻게 보면 실험실에서 나온 결과 역시 결국 이론으로 설명되어야 하기 때문에 더욱 그렇다. 그래서 혹시 실험을 소개하는 책이라면 실험에 대해 기술적으로 아주 세세한 부분까지 다루는 책이거나, 아니면 실험에 관한 책이라 해도 배경이 되는 이론을 설명하는 것이 주가 되고 실험은 너무 피상적으로 다뤄지거나 했다. 현대의 물리학 실험은 워낙 방대하고 여러 가지 요소가 종합되고 있기 때문에 소개하는 일이 더욱 쉽지 않았다.

그러나 다른 한편으로 생각하면, 물리학이 발전함에 따라 실험 역시 더욱 흥미로워지고 있다. 오늘날 물리학자들은 아주 이상한 것들을 찾고 있기 때문이다. 이들은 일상의 개념으로는 정의하기조차 어려운 존재들이다. 우리가 사는 지구나 별들과 같은 보통의 물질과 추상적인 대칭을 이루는 반물질, 우주 초기에 생겨난 빛, 우주가 인플레이션이라는 급팽창을 할 때 나온 중력파의 흔적인 편광, 우리 은하 바깥의 저 먼 은하에서 만들어져서 수십만 광년을 날아왔으면서 수조 개 중에서 겨우 몇 개가 보일까 말까한 중성미자, 밤하늘에 보이는 별들보다 수십 배나 많은 양이 우주에 가득하지만 우리 눈에는 보이지 않는 암흑물질, 머나먼 우주 공간에서 충돌한 두 블랙홀이 만들어낸 중력파, 아직 인간이 한 번도 보지 못하고 이론적으로만 예측하고 있는 초대칭 입자 등이 그런 존재들이다.

이런 존재들을 발견하기 위해서 물리학자들은 현재 인간이 가지고 있는 최고의 기술을 동원해서 실험 장치를 구상하고 설계하며, 이렇게 만들어진 실험 장치를 가지고 지구의 어떤 오지라도 가기를 마다하지 않는다. 이런 관점에서 물리학 실험을 소개하는 책이 『물리학의 최전선』(아닐 아난타스와미 지음, 김연중 옮김, 휴머니스트, 2011)이다. 과학 저널리스트인 저자는 원래 소설을 쓰기 위해 천체물리학자 사울 펄뮤터를 만나서 이야기를 나누고 난 후, 소설보다 더 흥미로운 최신의 물리학 실험을 찾아 4년 동안 불모의 사막과 얼어붙은 호수 위, 폐광의 깊은 굴속과 해발 4,000m의 산 정상을 거쳐 남극에 이르는 여행을 하고 이 책을 썼다.

앞에서 이야기한 남극의 아이스큐브는 황당할 정도의 아이디어와 규모를 자랑하는 실험이지만, 사실 물리학자들은 오래전부터 비슷한 실험을 해왔다. 그중 하나는 시베리아의 바이칼 호수가 얼어붙을 때 찾아가 얼음을 깨고 얼어붙은 수면 아래 실험 장치를 설치해서 중성미자를 탐색했던 러시아와 독일의 물리학자들이다. 아이스큐브가 남극의 얼음을 검출기로 사용했다면 이들은 바이칼 호수의 물을 검출기로 사용한 것이다. 물리학자들은 호수가 얼어붙은 2월에서 4월에 찾아와 20년 동안 실험을 해왔다. 실험 장치는 호숫가에서 수 킬로미터 떨어진 곳에 설치되어 1년 내내 물속에서 작동하는데, 프로젝트의 예산이 워낙 적어서 과학자들이 실험 장치에 접근할 수 있는 것은 겨울이 되어 호수가 얼어붙은 뒤뿐이다.

지구상에서 가장 건조한 곳인 칠레 북부 아타카마 사막의 파라날 산에는 지구 최대의 망원경 VLT^{Very Large Telescope}가 있다. 4대로 이루어진 이 망원경은 각각이 무려 8.2m의 거울로 되어 있는데, 이보다 거울이 더 커지면 움직일 때 중력에 의해서 거울 자체가 변해버리기 때문에, 이는 한 덩어리로 된 거울로 가능한 최대의 크기다.

한편 스위스 제네바 근처의 지하 100m에는 거대한 원형 터널이 있고, 그 안에 입자 가속 충돌장치 LHC가 설치되어 있다. 터널의 둘레는 27km에 이르고 가속기 역시 마찬가지다. 이 거대한 가속기 전체는 우주 공간보다 차가운 영하 272도로 냉각되어 수천 개의 초전도 자석에 의해서 조종되며, 양성자 빔이 지나가는 길은 측정이 불가능한 수준의 진공 상태를 유지한다.

그렇게 거대한 장치는 아니지만 미국 미네소타의 수단 광산에 설치된 암흑물질 탐색장치인 CDMS는 LHC보다 더욱 낮은 영하

273.11도라는 극저온을 유지한다. 이는 절대온도로 불과 0.04도다.

책의 원제는 '물리학의 극한Edge of Physics'이다. 이는 문명에서 가장 멀리 떨어진 곳이라는 의미에서의 극한점인 동시에 현대 물리학이 탐구하는, 인간 탐구의 최전선이라는 의미에서의 극한이다. 그런 곳을 찾아가는 기행을 담은 이 책은 픽션보다 더 흥미로운 논픽션이다.

자연의 혹독함을 견디며 묵묵히

『물리학의 최전선』은 오지와 극한의 환경에서 벌어지는 최신 실험들을 두루 소개한 책이다. 여기에 이에 못지않은 극한의 실험을 다루는 두 권의 책을 더 소개한다. 『허블의 그림자』(제프 캐나이프 지음, 심재관 옮김, 지호, 2007)는 허블 우주 망원경을 비롯해서, COBE와 WMAP와 같은 우주배경복사 탐사위성, 켁 망원경과 같은 지상의 망원경들과 그들의 관측 결과를 기반으로 최신 천문학과 우주론의 세계를 소개하는 책이다. 21세기로 넘어오는 시점에서 천체물리학은 물리학의 여러 분야 중에서도 가장 괄목할 만한 발전을 보여주는 분야다. 이전에는 상상하지도 못했던, 그리고 어떤 의미에서는 현재도 완벽하게 이해하지 못하는 데이터가 급속히 쌓이고 있다. 이 책은 이러한 발전의 다양한 분야를 잘 보여주고 있다.

최근 이루어진 가장 흥미로운 발견은 뭐니 뭐니 해도 중력파를 직접 측정했다는 일이다. 중력파를 직접 측정한 라이고 실험에는 한국 연구자들도 직접 참가했는데, 그중 한 사람이며 현재 한국중력파 연구협력단의 총무간사를 맡고 있는 수리과학연구소의 오정근 박사가 라이고 실험과 중력파의 모든 것을 소상히 설명해주는 책『중력파, 아인슈타인의 마지막 선물』(동아시아, 2016)을 내놓았다. 이 책에는 라이고 실험의 원리부터 건설과 중력파 검출 과정까지의 생생한 이야기는 물론 중력파 검출을 둘러싼 과학자들의 수십 년간의 야망과 좌절까지 담겨 있다. 중력파 자체가 우리의 경험을 넘어서는 극한의 존재인 만큼 이를 검출하는 라이고 실험 역시 아난타스와미의 책 못지않게 물리학의 극한을 보여준다.

지구상에서 더 이상 탐험할 곳이 남지 않은 오늘날의 모험이란 곧 자연 현상에 도전하는 과학자들의 일인지도 모른다. 환상적인 존재를 현기증 나는 기술로 붙잡기 위해, 과학자들은 지구의 극한을 찾아간다. 과학자들이 극한의 장소를 찾아가는 이유는, 우주에 흩어진 아주 희미한 신호를 극도의 정밀성으로 붙잡기 위해서다. 과학자들이 원하는 것은 저자의 표현대로 "절대적인 고요"이기 때문이다. 그 고요함 속에서 과학은 우주가 태어나던 시절의 희미한 흔적과 물질의 극히 미세하고 섬세한 구조를 탐구하고 우리의 존재를 숙고하는 것이다. 깊은 지하동굴, 남아프리카 칼라하리 사막의 불모의 땅카루 칠레 북부의 아카타마 사막, 얼어붙은 러시아의 바이칼 호수, 지구의 끝인 남극 그리고 우주 공간에서 과학자들은 실험 장치를 건설하고 자연의 혹독함을 견디며 외로운 실험을 묵묵히 수행한다.

원자폭탄
이야기

홉스봄은 20세기를 다룬 그의 책에 '극단의 시대 Age of Extremes'라는 제목을 붙였다. 어떤 이들에게 20세기는 홀로코스트의 세기였고, 이제까지 없던 전 지구적인 전쟁이 휩쓴 폭력의 세기였다. 한편으로 20세기는 인류가 전에 없는 인구 증가를 이루고, 이전의 모든 부를 넘어서는 부를 획득한 풍요의 세기이기도 하다. 20세기는 또한 물질과 생명에 대한 이해가 결정적으로 깊어진 과학의 세기였고, 전세계가 거의 두 진영으로 나뉘었던 이념의 세기였으며, 여성의 지위가 극적으로 높아지기 시작한 세기이자 대중이 세상의 많은 일에 결정권을 쥐기 시작한 세기였다. 이런 20세기를 상징하는 사건을 하나만 고르라고 한다면 무엇이 가장 적확한 선택일까. 사람마다 저마다의 답을 내놓겠지만, 나는 원자폭탄을 고를 것이다.

⚛ 원자폭탄을 생각할 때 가장 중요한 책

원자폭탄은 아마도 현재 인간이 도달한 가장 높은 봉우리 중 하나일 현대 물리학의 정수와, 민족국가와 제국주의의 축적된 모순이 분출한 제2차 세계대전의 종말이 극적으로 교차하는 지점이다. 한편으로 원자폭탄은 전쟁이 끝나고 냉전이 진행되는 동안에는 세상의 균형을 강제하고 역설적으로 세상을 안정시켜온 숨은 추였다. 결국 원자폭탄은 전쟁의 무기보다는 정치적 도구로서의 의미가 더 컸던 것이다.

무엇보다도 원자폭탄은 인간이 이전에는 상상도 할 수 없었던 세계에 도달했음을, 즉 자신의 손으로 세계를 파멸시킬 수 있는 능력을 가지게 되었음을 의미한다. 1970년대의 문학이나 영화를 다시 보면 핵의 공포를 현실로 느끼고 있는 작품을 얼마든지 만날 수 있다. 그런 개념이 인간의 무의식과 철학에 어떤 흔적을 남겼는지 들여다보는 것도 흥미로운 일일 것이다.

원자폭탄에 대해서는 물론 수많은 자료가 있다. 역사로서, 과학으로서 그리고 반전과 평화, 반핵과 환경 등 다양한 주제와 관련해서 원자폭탄을 논할 수 있을 것이다. 그중에서 과학의 관점을 중심으로 원자폭탄을 생각할 때 가장 중요한 책은 리처드 로즈의 『원자폭탄 만들기』(문신행 옮김, 사이언스북스, 2003)다.

　리처드 로즈는 예일대학교를 나와서 저널리스트이자 저술가로 활동하며 여러 권의 책을 썼는데, 1986년에 출판된 『원자폭탄 만들기』는 그의 저서 중에서 가장 중요하고 유명한 작품이다. 이 책은 1987년의 전미 도서상과 비평가상을 휩쓴 것을 비롯해서 1988년에 퓰리처상을 수상했고, 수십만 권이 팔렸으며 10개국 이상의 언어로 번역되었다. 이 책은 뉴멕시코의 골짜기에서 원자폭탄이 만들어지는 과정만을 기록한 책이 아니라, 원자가 개념에서 실체로 등장하는 20세기 전반부터 원자물리학의 발전 과정을 꼼꼼히 더듬어나가는 책이다. 로즈는 물리학자가 아니면서도 과학이 역사와 겹쳐가며 발전하는 이 독특하고 눈부신 과정을 매우 정확하고도 자세하게 서술하고 있다.

　러더퍼드가 원자핵을 발견하고 나서 원자폭탄이 만들어지기까지는 불과 30여 년이 걸렸을 뿐이다. 30년 전에는 존재조차 알지 못하던 원자핵을 그 사이에 발견하고 이해해서, 그 안에 숨겨진 가능성을 끄집어내어 세상에 드러냈다는 사실이 지금 생각해도 대단하기만 하다. 그러기 위해서는 수많은 사람들이, 특히 20세기 물리학을 대표하는 여러 물리학자들이 동원되어야 했고, 여러 우연과 필연이 역사 속에서 교차해야 했다. 이런 내용을 꼼꼼히 담다 보니 이 책에는 수많은 등장인물들이 명멸한다. 이 리스트는 아인슈타인, 보어, 졸리오-퀴리 부부와 같은 유럽의 학자들, 오펜하이머, 콤프턴,

맥밀런 등 미국 측 물리학자들, 페르미, 세그레, 위그너 등 유럽에서 미국으로 건너온 학자들뿐 아니라 하이젠베르크, 오토 한 같은 독일 측 물리학자, 그리고 맨해튼 계획의 공식적인 책임자였던 그로브즈를 비롯해서 루스벨트나 처칠 같은 군인과 정치가에까지 이른다. 그 중에서 이 책의 전반부에서 특히 중요한 역할을 한 사람은 헝가리 출신의 물리학자 레오 질라드다.

이 책의 첫 장면은 질라드가 망명해 있던 영국에서 연쇄 핵반응이라는 아이디어를 떠올리는 데서 시작한다. 하지만 망명자 신분이던 질라드는 이 아이디어를 더 추구하지 못하고 특허를 출원하는 데서 멈춘다. 또한 질라드는 원자폭탄이라는 아이디어가 구체적으로 실현되는 데에도 중요한 역할을 하는데, 그것은 폭탄의 가능성을 알리고, 나치스보다 먼저 폭탄을 개발할 것을 촉구하는 편지를 루스벨트 대통령에게 쓴 일이다.

역시 헝가리 출신 물리학자인 유진 위그너와 에드워드 텔러와 함께, 질라드는 아인슈타인의 도움을 받아서 아인슈타인의 이름으로 루스벨트 대통령에게 편지를 전달했다. 하지만 질라드는 특유의 몽상적인 기질과 거대 담론을 좋아하는 성격 때문에 정작 맨해튼 계획에서는 중요한 역할을 하지 못했다. 한편 질라드는 원자폭탄의 시작에 중요한 역할을 했으면서, 또한 누구보다도 먼저 원자폭탄의 위험성을 강력히 경고했던 사람이기도 하다.

나는 이 책을 1995년 구판으로 가지고 있는데, 솔직히 말해서 번역이 그다지 만족스럽지 못하다. 엉터리까지는 아니지만 허술한 부분이 많고, 매끄럽지가 못하다. 지금은 개정판이 나온 것으로 알고 있는데, 얼마나 나아졌는지는 모르겠다. 중요하고도 가치 있는 책인 만큼, 많은 사람들이 읽을 수 있도록 좋은 번역으로 나와 있기를 바란다.

『원자폭탄 만들기』가 원자폭탄의 역사와 주요 과학적, 기술적 여정을 잘 보여주는 책이기는 하지만, 또한 여러 다른 방식으로도 이 사건을 바라볼 수 있다. 그 한 가지 방법은 이 계획에 참여한 과학자들의 시각을 통해 보는 일이다. 많은 과학자들의 전기에는 맨해튼 계획이 어느 정도 언급된다. 아인슈타인의 전기에도 그런 내용을 찾아볼 수 있긴 하지만, 사실 아인슈타인은 맨해튼 계획과는 직접 상관이 없는 인물이므로 원자폭탄에 대한 이야기를 위해 읽기는 적당하지 않다. 파인만의 자서전에도 맨해튼 계획에 참가했을 때의 여러 에피소드가 소개되어 있는데, 파인만의 개인 에피소드에 가까우므로 큰 의미는 없다. 페르미의 전기라면 좀 더 많은 내용을 볼 수 있을 텐데, 유감스럽게도 페르미의 전기는 아직 우리나라에 출간되지 않았다. 오래전 나온, 페르미의 부인 라우라 여사의 책인『원자 가족 Atoms in the Family』이 있을 뿐이다.

오펜하이머,
맨해튼 계획의 책임자

과학자의 전기 속에서 원자폭탄에 대한 내용을 읽으려면 무엇보다도 맨해튼 계획의 책임자였던 로버트 오펜하이머의 전기를 읽어야 할 것이다. 오펜하이머야말로 원자폭탄과 인생이 구별하기 어려울 만큼 엮여 있는 인물이기 때문이다. 마침 적절한 책도 우리나라에 나와 있다. 저널리스트인 카이 버드와 역사학자인 마틴 셔윈이 함께 쓴 『아메리칸 프로메테우스』(최형섭 옮김, 사이언스북스, 2010)다.

이 책은 2006년 퓰리처상의 전기 및 자서전 부문을 수상한 역작이다. 카이 버드는 『히로시마의 그림자: 역사의 부정과 스미소니언 논쟁에 관한 글들Hiroshima's Shadow: Writings on the Denial of History and the Smithsonian Controversy』이라는 책을 편집한 바 있으며, 셔윈은 특히 원자력 에너지의 발전에 천착하는 역사학자로서 『파괴된 세계: 히로시마와 그 유산들A World Destroyed: Hiroshima and its Legacies』을 쓴 사람이다. 이 책은 1,000쪽이 넘는 지면을 통해 오펜하이머와 그를 둘러싼 세계를 총체적으로 소개하고 있다. 저자들은 20년 이상 자료를 모으고, 답사를 다녀오고, FBI의 문서들을 읽으며 오펜하이머를 연구해왔고 마침내 결정판이라 할 전기를 펴냈다.

오펜하이머의 전기로는 물리학자인 제레미 번스타인이 지은 『오펜하이머』(유인선 옮김, 모티브북, 2005)가 일찌감치 번역된 적이 있다. 물리적으로나 내용적으로나 그 방대함으로 독자의 기를 일단 죽이는 버드와 셔윈의 책과는 달리 이 책은 작은 판형으로 250쪽의 비교적 작은 책이다. 저자인 번스타인은 하버드에서 슈윙거의 지도로 박사학위를 받은 이론물리학자이며, 오펜하이머가 소장으로 있을 때에 프린스턴 고등연구소의 연구원이었으므로 오펜하이머와 개인적으로 어느 정도 관계가 있는 사람이다. 번스타인은 물리학자이면서 과학 관련 저술로도 이름이 높은 사람으로서 아인슈타인과 한스 베테의 전기를 비롯해 수십 권의 책을 썼으며 뉴요커에 과학자들에 대한 글을 연재하기도 했다. 그러나 그는 자신이 가장 관심을 갖고 있던 인물인 오펜하이머에 대해서는 정작 글을 쓰지 못하고 자료만 모아오다가, 번스타인의 표현에 따르면 "이제 충분한 거리를 두게" 되어, 2004년에 마침내 이 책을 내놓은 것이다. 책의 내용의 상당 부분은 물론 버드와 셔윈의 책에 대부분 나와 있기는 하지만, 물리학자의 관점에서만 할 수 있는 이야기들이 들어 있으므로 읽어볼 만하다.

원자폭탄이 투하되었을 당시 히로시마의 인구는 약 40만 명 정도였다고 하는데, 그중 징용을 비롯한 여러 이유로 옮겨온 조선인이 10분의 1을 넘었다고 한다. 그러므로 약 15만 명에 달하는 원자폭탄의 피해자 중 10%는 조선인 피해자일 것이다. 하지만 전후의 혼란 속에서 조선인까지 수습해줄 사람이 일본 땅에 있을 리 없었다. 고국도 분단과 전쟁으로 이어지는 혼란 속에서 그들을 돌볼 여력이 없었고, 그 후에도 제대로 조사조차 하지 않았다.

그나마 1960년대부터 조금씩 피폭자에 대한 조사가 시작되었고, 한국원폭피해자협회가 결성되었다. 1970년에는 민단 히로시마 본부에서 조선인 원폭 희생자를 위한 추모비를 히로시마 평화공원 옆에 세웠다(추모비는 1999년에야 평화공원 안으로 들어올 수 있었다고 한다). 2003년에는 1970년대부터 한국인 원폭 피해자를 돕기 위해 노력해온 이치바 준코 씨가 『한국의 히로시마』(이제수 옮김, 역사비평사, 2003)라는 책을 펴냈다. 이 책이 최초로 한국인 원폭 희생자에 관해서 체계적으로 보고한 책이라고 할 수 있는데, 이 책의 번역판은 절판되어 구하기 어렵다.

지금 찾을 수 있는 한국인 원폭 피해자에 관한 책으로는 원폭환우를 위한 합천 평화의집 운영위원을 맡고 있는 김기진, 전갑생 씨가 펴낸 『원자폭탄, 1945년 히로시마… 2013년 합천』(선인, 2012)이 있다. 원자폭탄이라는 인류사적 사건과 한국인이 겹치는 부분에 대해 관심이 있는 사람이라면 읽어봤으면 한다.

블랙홀과
일반 상대론

지난 100년간 물리학자들에게 가장 수수께끼였으며, 지금 이 순간
에도 여전히 그러한 존재라고 하면, 뭐니 뭐니 해도 블랙홀을 첫 손
에 꼽아야 할 것이다. 블랙홀은 애초에 나타난 과정부터 다른 물리
적 대상과는 달랐다. 블랙홀은 자연현상을 관찰한 결과로 읽어낸 패
턴이 아니다. 블랙홀 현상은, 심지어 블랙홀을 암시하는 현상조차도
보이지 않는 별이라는 개념이 나오기 전에는 관측된 적이 없으며,
블랙홀에 대한 관측 결과는 최근에야 비로소 나타났다. 그 대신 블
랙홀은 순수한 사유의 산물로서 등장했고, 이론적으로 예측되었으
며, 직관적인 이유로 비판을 받는 동시에 이론적인 관심을 끌었다.

블랙홀, 정확히 말해서 보이지 않는 별이라는 아이디어가 처음 나타난 것은 매우 오래전이다. 우리가 알기로는 영국의 지질학자이며 천문학자인 존 미첼이 1783년에 쓴 논문에 보이지 않는 별에 대한 고찰이 처음으로 나타난다. 미첼은 뉴턴의 중력 이론에서 유도되는 탈출 속도라는 개념과, 빛의 속력이 유한하다는 사실로부터, 만약 탈출 속도가 빛의 속력보다 큰 별이 있다면 그 별에서는 빛도 탈출하지 못하므로 보이지 않을 것이라는 결과를 추론해냈다. 예를 들어 탈출 속도는 별의 질량뿐 아니라 크기에도 좌우되므로, 만약 태양의 크기가 3km 정도로 줄어든다면 태양도 보이지 않게 될 것이다. 이것은 매우 재미있는 상상이라서 프랑스의 라플라스도 그의 책에서 다루기도 했다. 하지만 토마스 영의 실험을 통해 빛이 입자가 아니라 파동이고, 따라서 중력의 영향을 받지 않는다는 것이 알려진 후에는 더 이상 관심의 대상이 되지 않았다.

✦ 블랙홀에 대한 결정본

보이지 않는 별이라는 개념은 아인슈타인의 일반 상대성 이론에서 다시 나타난다. 그러나 블랙홀은 방정식의 특이점과 관계되는, 보통의 물리 현상과는 동떨어진 개념이었기에, 진지한 물리학의 대상으로 받아들여지지 못하고 이론적인 연습문제로만 남아 있었다. 블랙홀이 다시 전면으로 등장한 것은 1960년대다. 그 이후 블랙홀은 우주와 중력의 비밀을 간직한 존재로서 점점 더 중요해졌다. 최근 관측된 기념비적인 업적인 중력파가 두 개의 블랙홀이 충돌하여 병합되는 과정에서 발생한 것으로 판명된 사실은 블랙홀의 중요성을 더욱 부각시키고 있다.

블랙홀의 역사와 개념이 탄생하고 연구되는 과정을 그린 책 중에서 첫손을 꼽자면, 단연 2017년 노벨 물리학상 수상자인 킵 손의 『블랙홀과 시간여행』(박일호 옮김, 오정근 감수, 반니, 2016)을 들고 싶다. 블랙홀뿐 아니라 일반 상대성 이론에 진지한 관심이 있는 사람이라면 이 책만큼 훌륭한 읽을거리는 찾기 어려울 것이라고 생각한다.

1915년에 등장한 일반 상대성 이론은 수성의 세차 운동의 남은 오차를 설명하고, 빛이 중력장에서 휘어진다는 것을 예측하는 새로운 중력이론으로서 각광을 받았다. 1929년 허블이 우주가 팽창한다는 것을 발견하자 일반 상대성 이론은 우주의 시공간 자체를 다루는 이론으로서 더욱 중요해졌고, 1930년대에는 백색왜성이나 중성자별, 초신성 등 별들의 운명을 탐구하는 도구로서 활발하게 연구되었다. 그러나 1940년대 1960년대까지 일반 상대성 이론 연구는 한동안 침체의 길을 걷는다. 우선 제2차 세계대전이 발발해서 많은 과학자들이 자신의 연구를 떠나 전시 연구에 참여해야 했다. 이러한 추세는 전쟁이 끝나고 난 뒤에도 냉전을 배경으로 수소폭탄 개발에 계속해서 많은 자원이 투여되었기 때문에 한동안 계속되었다. 또 한 가지의 중요한 이유는, 1960년대 이전에는 일반 상대성 이론을 적용할 만한 대상이 거의 없었다. 아직 천문학과 천체물리학의 관측 자료들은 일반 상대성 이론을 검증할 만한 수준이 아니었다.

1960년대에 들어오며 이런 문제들이 차츰 해결되고 분위기가 반전되었다. 이론물리학자들은 핵폭탄 개발에서 벗어나서 다시 자신의 연구로 돌아왔다. 오히려 폭탄 연구를 통해 개발된 계산 테크닉을 갖추어 더 강력한 무기를 갖추기까지 했다. 한편 우주 관측 분야에서도 꾸준히 발전이 이루어졌다. 우주에서 전파가 오고 있다는 것을 발견해서 전파 천문학이라는 분야가 시작되었고, 퀘이사를 비롯한 새로운 현상들이 발견되었다. 일반 상대성 이론의 르네상스가 시작된 것이다. 이때부터를 '일반 상대성 이론의 황금시대'라고 부르기도 한다.

킵 손은 1962년 9월에 캘리포니아 공과대학을 졸업하고, 프린스턴 대학의 존 휠러 밑에서 상대성 이론을 공부하기 시작했다. 휠러는 당시 막 블랙홀 연구를 시작했고, 앞으로 황금시대인 1960년대에 일반 상대성 이론 분야의 지도자가 된다. 블랙홀이야말로 황금시대의 가장 중요한 주제였기 때문이다. 따라서 킵 손은 블랙홀 연구를 위한 때를 아주 잘 타고난 셈이다. 황금시대를 거치며 물리학자들은 블랙홀을 이론적으로 더욱 잘 이해하게 되었고, 전파천문학과 X선 천문학의 발전에 따라 우주를 보는 새로운 눈을 가지게 되었다. 퀘이사에서 나오는 강력한 제트 가스와 같이 블랙홀을 의미하는 관측 결과도 나타나기 시작했다. 블랙홀의 내부나 블랙홀에 관한 양자역학적 성질, 타임머신, 중력파와 같이 이전에는 고려하기 어려운 대상까지 논의되기 시작했다. 이제 이 분야는 우주와 중력과 물질의 궁극적인 상태가 뒤섞인 장대한 주제가 되었다.

이 거대한 세계를 이 책만큼 자세하고도 정확하게 서술한 책은 찾기 힘들다. 구판 표지에는 이 책에는 "이론과 역사와 비화가 망라되어 있다"고 쓰여 있는데, 이 말이 전혀 과장이 아니다. 킵 손만큼, 스스로가 일반 상대성 이론을 발전시킨 주역 중 한 사람으로서 블랙홀에 대해 정확한 이론적, 실험적 지식을 갖추고, 황금시대를 몸소 체험했으며, 그 시대의 많은 물리학자들과 논의된 연구 주제들에 대해서 다양하고 풍부한 경험을 고루 갖춘 사람은 흔치 않다. 더구나 이를 이 책처럼 훌륭하게 글로 옮길 수 있는 사람은 아마 없을 것이다. 그래서 이 책은, 적어도 지금 현재는 블랙홀에 대한 결정본이라고 생각한다. 그리고 앞으로 세월이 흐른 뒤에도 과학책의 고전으로 길이 남을 것이다. 나는 이 책을 읽을 때마다 새로운 재미를 느끼고, 새로운 감동을 얻는다. 아마도 모든 독자가 그렇지 않을까, 아는 것이 많아질수록 이 책이 더 재미있어지는 경험을 하지 않을까 생각한다.

일반 상대성 이론이 또 한 번의 승전고를 울릴 것이라는 예감

블랙홀에 대한 책을 몇 권 더 소개해보자. 런던대학의 과학사 및 과학철학 교수인 아서 밀러의 『블랙홀 이야기』(안인희 옮김, 푸른숲, 2008)는 특히 찬드라세카르의 활약에 초점을 맞추어 전개되는 별들의 운명 이야기다. 찬드라세카르는 영국으로 유학을 가는 길에 별들의 운명에 뭔가 심상치 않은 면이 있다는 것을 최초로 발견해서, 이 분야의 발전을 촉발시킨 선구자 중 한 사람이다. 그가 발견한 내용은 백색왜성이 어떤 질량 한계를 넘으면 더 이상 안정된 상태로 있을 수 없다는 내용인데, 그 질량 한계값은 지금 그의 이름을 따서 '찬드라세카르 한계'라 불린다. 지금 우리는 찬드라세카르 한계를 넘는 별들은 중성자별이 되든가 블랙홀이 된다는 것을 안다. 그는 영국에서 에딩턴과의 불화로 업적을 제대로 인정받지 못해서 한동안 이 주제를 떠나 물리학의 여러 다양한 주제들을 연구했다. 그러나 결국에는 이 업적을 포함한 별들의 진화에 대한 연구로 노벨상을 받게 된다. 밀러는 과학사학자답게 블랙홀이 발전하는 과정을 과학 내적인 시각뿐 아니라 찬드라세카르의 주변 상황과 함께 외적인 시각도 일부 보여준다.

우리나라 연구자의 책도 하나 소개하고 싶다. 서울대 물리천문학부 우종학 교수의 『블랙홀 교향곡』(동녘사이언스, 2009)이다. 이 책은 특히 블랙홀에 초점을 맞추어서, 블랙홀의 탄생과 이론 및 실험적 발전 과정, 그리고 최신의 연구 성과를 간결하게 소개하고 있다. 책을 읽다 보면 킵 손의 책과는 바라보는 방향이 조금은 다르다는 생각이 들지 모른다. 그 이유는 우종학 교수는 관측 천문학자이고 킵 손은 이론물리학자이기 때문이다.

일반 상대성 이론의 역사를 개괄하는 책을 한 권 덧붙이자면 옥스퍼드 대학의 천체물리학 교수인 페드루 페레이라가 쓴 『완벽한 이론』(전대호 옮김, 까치, 2014)을 추천한다. 이 책은 블랙홀만의 역사는 아니지만 부제가 말해주듯 '일반 상대성 이론 100년사'를 균형 잡히게 잘 서술해주고 있다. 킵 손의 책에도 물론 일반 상대성 이론의 역사가 잘 서술되어 있지만, 킵 손의 책은 아무래도 블랙홀이 중심이 되고 있고, 또 그 자신이 책 내용에 직접 참가하고 있으므로 자세하고 구체적인 면이 있는 만큼, 어떤 의미에서는 거리 두기가 잘 안 된다고 볼 수도 있다. 반면 이 책을 읽으면 전체적으로 일반 상대성 이론이 어떠한 길을 걸어왔구나 하는 느낌이 든다.

위의 책들은 모두, 마지막 부분에서 어떤 예감과 기대를 품고 있다. 그것은 곧 중력파가 발견되어, 일반 상대성 이론이 또 한 번의 승전고를 울릴 것이라는 예감이다. 잘 알다시피 중력파는 라이고^{LIGO} 팀에서 지난 2015년 처음 검출되어 2016년에 발표되었다. 라이고가 발견한 중력파는 바로 두 개의 블랙홀이 충돌해서 합쳐지는 상황에서 발생한 것이므로 중력파의 이야기는 블랙홀과 밀접한 관계가 있다. 위의 책들에도 중력파에 대한 이야기는 꽤 자세히 소개되고 있고, 특히 손은 그 자신이 라이고 프로젝트를 만든 사람인만큼 다른 데서는 볼 수 없는 라이고의 탄생 비화를 말하고 있기도 하다. 중력파에 대한 책이라면, 역시 앞에서도 소개한 『중력파, 아인슈타인의 마지막 선물』을 다시 한번 추천한다. 라이고 실험에 직접 참가한 수리과학연구소의 오정근 박사가 지은 이 책은 2016년 한국 출판 문화상 수상작이기도 하다.

양자역학은
어떻게 발전해왔는가

세상은 무한한 수수께끼와 신비로 가득 차 있는 곳이었다. 빛과 어둠, 차가운 바람과 뜨거운 열기가 번갈아 찾아오고, 나무와 풀, 짐승과 새들과 벌레들, 먹을 수 있는 것과 먹을 수 없는 것들이 어지러이 섞여 있는 곳. 그 안에서 인간이라는 종은, 두렵지만 살아남기 위해 세상을 이해하려고 애썼고, 그 결과 차츰차츰 세상의 모습을 밝혀왔다. 17세기경 인간은 세상을 이해하는 매우 강력한 도구를 개발해냈다. 지금 우리는 이 도구를 과학이라고 부른다. 과학을 손에 든 후 인간은 세상에 대해 자신감을 가지게 되었고, 자연을 '정복'한다는 표현을 거침없이 사용하기 시작했다. 19세기쯤 되자, 인간은 더 이상 세상에는 수수께끼란 없다고, 이제 인간이, 혹은 인간의 이성이 세상을 완전히 이해할 수 있게 되었고, 남은 일은 그 안에서 잘 살아가기만 하면 된다고 생각하게 되었던 듯하다.

⚛ 양자역학의 역사 및 발전 과정을 알고 싶은 사람이라면

그러나 20세기에 접어들면서, 인간은 세상의 이면을 느끼고 세상 저 깊은 곳에는 여전히 수수께끼와 신비가 가득 차 있다는 것을 알게 되었다. 시간과 공간, 물질과 에너지는 우리가 당연하다고 생각했던 모습이 전혀 아니었다. 우리는 세상의 겉모습만을 보고 있었던 것이다. 세상의 진짜 모습을 알기 위해서 제일 중요한 개념은 원자였다. 물질이 원자로 되어 있다는 것을 알고, 원자를 진짜로 이해하려고 하자 이전에 알고 있었던 지식은 더 이상 통하지 않았다. 결국 인간은 완전히 새로운 과학을 건설해야 했다. 그리고 어떤 의미에서는 더욱 놀랍게도, 얼마 지나지도 않아서 다시금 원자를 이해하는 방법을 찾아내기 시작했다. 새로운 과학이 탄생한 것이다. 이 새로운 과학의 중요한 부분을 우리는 양자역학이라고 부른다.

20세기 과학에서 양자역학의 역할이 얼마나 중요한 것인지는 아무리 강조해도 지나치지 않다. 양자역학을 통해서 우리는 원자를 이해하고, 물질을 이해하고, 이전에 가지고 있던 피상적인 지식을 체계적으로 이해할 수 있게 되었다. 우리는 이제 물질이 가지고 있는 다양한 성질이 어디에서 온 것인지를 안다. 그 결과 필요에 따라 물질을 가공하고 활용할 수 있으며 심지어 원하는 물질을 만들어낼 수도 있다. 우리는 화학의 법칙이 어디에서 온 것인지, 생물체의 몸속에서 무슨 일이 일어나는지, 적어도 원리적으로는 이해하고 있다. 또한 우리는 이제 별이 왜 빛나는지 알고, 어떻게 빛나기 시작했는지, 그리고 세월이 흐른 뒤에는 어떻게 될 것인지를 안다. 나아가서 우리는 이제 우주 전체의 운명도 논할 수 있다.

자연에 대한 지식뿐 아니라 양자역학은 우리가 세상을 바라보는 방식 자체를 다시 생각해보게 해준다. 실재란 무엇이며 주관과 객관은 어디에서 갈라지는지, 우리는 무엇을 알 수 있으며, 어디까지 알 수 있는지에 대해 양자역학은 새로운 관점과 개념을 제공해주고 있다. 이에 대해서 아직 우리는 이해하지 못하는 점이 무수히 많다.

양자역학을 소개하는 책은 매우 많으며, 양자역학 자체가 계속해서 발전하고 있는 만큼 지금도 새로운 책이 나오고 있다. 그중에서 우리나라에 소개된 책은 사실 일부에 불과하다. 그래도 최근 읽을 만한 책이 여러 권 발간되었으므로 여기에 소개해보기로 하겠다.

만지트 쿠마르의 『양자 혁명』(이덕환 옮김, 까치, 2014)은 양자 개념의 탄생에서부터 20세기 전반의 원자물리학의 연구 과정과 양자역학의 탄생 및 발전을 잘 묘사한 수작이다. 양자역학의 발전 과정에서 일어난 주요 사건들을 매우 자세히 묘사하고 있으면서도, 다양한 내용을 포괄하고 있어서 밀도가 높다. 사건뿐 아니라 플랑크, 아인슈타인, 러더퍼드, 보어, 파울리, 하이젠베르크, 슈뢰딩거, 보른 등 양자역학의 역사에서 명멸했던 영웅들의 다채로운 이야기도 흥미롭게 펼쳐진다. 디랙의 평전인 『The Strangest Man』의 저자 그래헴 파르멜로가 쓴 〈뉴욕타임즈〉의 서평에는 이 책을 "최신의 연구 결과를 반영하기보다는 표준적인 자료에서 인용된 정통적인 설명"이라고 표현했다. 양자역학의 역사 및 발전 과정을 알고 싶은 사람이라면 우선 이 책을 한번 읽어보는 것을 추천한다.

만지트 쿠마르는 대학에서 물리학 및 철학을 공부했고, 여러 매체에 과학에 대한 글을 쓰고 있다. 이 책은 2008년에 출판되었고 2009년 BBC 새뮤얼 존슨 상 논픽션 부문 최종 후보에 올랐다. 특히 이 책은 "아인슈타인, 보어, 그리고 실재의 본질에 대한 대 논쟁"이라는 부제가 말해주듯이, 1927년 솔베이 회의에서 벌어졌던 양자역학의 확률적 본성과 객관적 실재의 의미에 대한 아인슈타인·보어의 논쟁과, 그로부터 시작된 양자역학의 진정한 의미에 대한 논의, 아인슈타인·포돌스키·로젠의 EPR 논문, 그리고 이를 해결하는 방법인 벨 정리에 대해서도 많은 페이지를 할애한다. 특히 아인슈타인이 양자역학의 어떤 면에 대해서 고민했는지를 자세히 설명하고, 이 문제가 아직도 현재진행형임을 확실히 하고 있다. 이를 보여주는 좋은 예로 소개하는 것이, 1999년 케임브리지 대학에서 열렸던 양자역학 학술회의에서의 설문 결과다. 양자역학의 해석 중 어느 것을 선호하느냐는 설문에 과반수의 물리학자들이 판단 유보를 택한 것이다.

독특한 방식으로 양자역학을 다루는 책들

과학 저술가인 짐 배것의 『퀀텀 스토리』(박병철 옮김, 이강영 해제, 반니, 2014) 역시 양자역학의 전개 과정에 대해서 자세히 묘사한 책이다. 『퀀텀 스토리』는 전체적으로 양자역학의 온갖 면을 40개의 장면으로 파노라마처럼 보여준다. 이 책이 다루고 있는 범위는 쿠마르의 『양자 혁명』보다 훨씬 넓고, 그러다 보니 각각의 내용에 대한 설명이나 묘사가 쿠마르의 책만큼 자세하지는 않다. 쿠마르는 학술서 정도는 아니지만, 자료를 충실히 인용하면서, 관계되는 내용을 빠짐없이 담으려고 애쓰는 반면, 배것의 묘사는 스토리텔링에 치중하는 경향이 있다.

내용상 이 책은 다시 7부로 나누어진다. 앞부분의 1부와 2부는 『양자 혁명』처럼 양자역학의 탄생과 전개 과정, 그리고 인간이 이를 어떻게 이해해갔는지를 보여주는 내용이다. 3부에서는 아인슈타인·보어의 논쟁과 EPR, 그리고 유명한 슈뢰딩거의 고양이 역설을 소개한다. 이 내용은 6부로 이어져서 봄의 숨은 변수 이론, 그리고 벨 정리가 소개된다. 쿠마르는 벨 정리를 설명하고 이를 증명하는 아스페의 실험을 간단히 언급하는 데에서 책을 마쳤지만, 배것은 아스페의 실험은 물론 그 후에 전개된 차일링거 등의 실험, 레깃의 실험, 그리고 스컬리의 양자 지우개까지 소개한다. 논리적으로는 3부에 이어지는 내용이 6부에 나타나는 이유는 6부에 소개되는 아스페, 차일링거 등의 실험이 모두 1980년대 이후에 일어난 사건이라서 그렇다. 이 책의 흐름은 기본적으로 시간의 흐름을 따른다.

위의 1부, 2부, 3부, 6부는 쿠마르의 책과 겹치는 내용이다. 한편 4부와 5부에서는 양자역학이 심화되어 양자 장이론으로 발전해가고, 더불어 물질 내부로의 탐구도 원자에서 원자핵으로 다시 기본입자들로 진행되어가는 과정을 다룬다. 사실 이 부분만 따로 떼어 놓아도 입자물리학에 대한 책 한 권이 될 만큼 방대한 내용이다. 시간적으로는 1940년대와 1950년대 양자전기역학 및 양자 장이론의 발전, 1960년대 쿼크와 힉스 보손을 거쳐 1970년대에 현대 입자물리학이 성립되는 과정에 해당한다. 이 과정에서 기본입자를 묘사하는 이론인 표준모형이 만들어지고 이론이 거대한 가속기 실험에서 검증되어가는 모습, 그중에서도 W와 Z 보손의 발견을 20년 뒤에 회상하는 장면까지를 그리고 있다. 이 책이 2011년에 출간되었기 때문에, 2012년 LHC에서 힉스 입자가 발견되어 표준모형이 완성되는 장면은 아쉽게도 없다. 23장과 29장에서 묘사했듯이 힉스 입자는 표준모형의 핵심 구조를 이루는 입자였다. 알려진 바와 같이, 힉스 보손은 LHC 가속기를 통해 발견되었음이 2012년에 발표되었다. 이로써 표준모형은 모든 입자가 확인되고, 모든 상호작용이 측정되어 실험적으로 완전히 검증되었다.

이 책의 7부에서는 한발 더 나가서, 우주론과 중력 이론의 양자화를 향한 모색을 그리고 있다. 아직 중력은 우리가 양자역학적으로 이해하지 못하는 유일한 상호작용이다. 한편으로는 최근 중력파의 발견이 말해주듯, 천체물리학의 발전에 따라 가장 빠르게 발전하고 있는 분야기도 하다. 배것은 초끈이론, 고리양자중력이론, 브레인이론 등을 설명하고 현재 어떤 논의가 벌어지는지를 소개하고 있다. 아직 진행 중인 분야다 보니 대부분의 논의가 열려 있다는 느낌을 준다.

『퀀텀 스토리』는 내용의 방대함이 장점인 동시에 단점인 책이다. 이 책 한 권으로 현대 물리학 전반을 살펴볼 수 있는 반면, 아무래도 주마간산 식으로 훑어보는 느낌도 있다. 그러나 서술이 나름 충실한 책이니, 이 책을 보고 좀 더 알고 싶은 분야는 더 자세히 다루는 관련 도서를 찾아보면 될 것이다. 저자인 짐 배것은 옥스퍼드에서 물리화학 학위를 받고 영국 레딩 대학 화학과에서 강의를 하다가, 학계를 나와 비즈니스에 뛰어들었고, 최근 활발하게 과학 저술 작업을 하는 저술가다. 스스로를 '과학 커뮤니케이터'로 지칭하는 그는, 최근 평균적으로 1년 반마다 책 한 권을 내놓는 정력적인 저술활동을 벌이고 있다. 그가 내놓은 책도 많고, 스토리텔링 위주의 서술로 잘 읽히기 때문에 앞으로도 그의 책은 많이 소개될 것 같다.

양자역학을 독특한 방식으로 다루는 책을 한 권 더 소개하고 싶다. 쿠마르와 배것의 책은 기본적으로 양자역학의 발전사와 기본적인 개념에 대한 설명을 주는 책이다. 저자들의 글쓰기 스타일은 다소 차이가 있지만, 대체로 자료를 정리해서 보여주는 책들이라고 할 수 있다. 그런데 다트머스 대학에서 물리학을 전공한 후 캘리포니아의 염소농장에서 염소들과 함께 살던 루이자 길더는 『얽힘의 시대』(노태복 옮김, 부키, 2012)에서 물리학자들의 이야기를 적극적으로 재구성해서 마치 소설이나 희곡처럼 읽히도록 했다. 이 책의 주제는 양자역학 중에서도 특히 얽힘에 관한 내용이라서, 위의 쿠마르의 책이나 『퀀텀 스토리』의 1장, 2장, 3장, 6장에 해당한다. 루이자 길더는 그중에서도 벨과 그 주변의 일들, 그리고 벨 정리의 실험적 검증에 많은 페이지를 할애해서 공들여 서술했다.

내용보다도 더 눈길을 끄는 것은 서술하는 스타일이다. 부제를 '대화로 재구성한 20세기 양자물리학의 역사'라고 한 데서도 알 수 있듯이, 길더는 이 책에서 주인공들끼리 대화를 시킨다. 그렇다고 길더가 정말 소설을 쓴 것은 아니다. 대부분의 내용은 주인공들의 편지, 책, 그리고 최근 인물의 경우 인터뷰 등에서 가져온 것이다. 하지만 그 덕분에 묘사는 생동감과 현장감이 넘치고, 흥미롭게 읽게 된다. 독특한 서술과 풍부한 내용이 매력적인 책이다.

무한에
관하여

고등학교 수학 시간에 미분과 적분을 배울 필요가 있느냐는 말은, 교육 과정에 대한 논란 중에서도 틈만 나면 수면 위로 올라오는 단골 레퍼토리다. 논란의 대상이 되는 이유는 몇 가지가 있겠으나, 그 중 가장 자주 나오는 말은, 대부분의 학생들이 평생 현실 생활에서 쓸 일이 없을 미분과 적분을 배우기 위해 고생을 할 필요가 있느냐 하는 내용이다. 나는 이런 지적은 터무니없는 말이라고 생각하는데, 상당수의 사람들은 그렇지도 않은 모양이다.

내가 미적분이 쓸모없다는 말이 터무니없는 말이라고 생각하는 이유는, 무엇보다 중등 교육이 나중에 써먹을 도구를 배우기 위함이 라는 생각이 옳지 않다고 생각하기 때문이다. 이론적인 이야기를 하려는 것이 아니다. 사실 중등 교육의 여러 과목에서 배우는 내용 중에 대부분의 사람이 나중에 실제로 '사용'하게 될 만한 지식이 얼마나 있겠는가?

국어 시간에 배우는 시는 나중에 써먹을 일이 있을까(써먹을 일은 없겠지만 나중에도 좀 더 많이 접하길 바란다)? 생물 시간에 배우는 유전 법칙은? 설마 화학 시간에 산과 염기에 대해 배우는 이유가 산을 엎지르는 사고가 날 때를 대비해서라고 생각하는 사람은 없을 것이다. 그러면 지리나 역사는 실용적인 지식일까? 당연히 그렇지 않다. 지리 시간에 배운 나라들에 실제로 가볼 사람은 별로 없다(과거에 비해 많이 늘어나긴 했겠다). 그런데 왜 하필 미적분은 써먹을 일을 따지는가?

우리가 여러 가지 과목을 배우는 목적은 세상을 제대로 바라보고, 올바르게 판단하고, 지구라는 환경에서 다른 사람들과 더불어 살아가는 데 도움이 되기 위해서다. 각 과목들은 그 분야의 지식을 제공하는 한편, 다른 분야와 서로 얽혀서 영향을 주고받으며 우리의 사고 체계와 세계를 바라보는 관점을 만들어준다. 수학은 논리적으로 생각하는 방법과 추상적인 사고를 배우는 과목이다. 학생들이 수학을 어려워하는 이유는 아마도 바로 이 부분, 추상적으로 사고하는 법을 배우는 과정이 고통스러워서일 것이다. 그래서 구체적이고 쉬운 예를 이용해서 수학을 가르치려는 시도가 많이 있다. 하지만 결국 수학의 목적이 추상적인 사고를 가르치는 것이므로 이 부분을 회

피하기만 할 수는 없다.

미분과 적분이 써먹을 데가 없다고 하는 사람은 미분과 적분을 그저 복잡한 계산법으로 생각해서 그러는지도 모르겠다. 그렇게만 생각한다 해도, 나중에 과학이나 공학에 관한 일을 하게 될 사람이면 미적분을 필요로 할 가능성이 높으니, 사실 미적분이란 꽤 실용성이 큰 지식이기도 하다. 그래도 그저 복잡한 계산법일 뿐이라면, 굳이 모든 사람이 배울 필요는 없다고 할 수도 있다. 미적분은 배우는 데에 많은 시간과 노력을 요하는 것이 사실이기 때문이다. 당연히 미적분을 배우는 목적 혹은 의미는 계산법에 있는 것은 아니다. 미분과 적분은 인간이 구축한 가장 추상적인 개념이자, 가장 심오한 개념을 배우는 분야다. 그 개념이란 바로 '무한'이다.

무한이라는 개념은 누구나 생각하거나 상상할 수 있다. 그래서 아주 오래전부터 인간의 사유는 무한을 다뤄왔다. 한편으로는 무한에 의해 사유를 제한받아왔고, 다른 한편으로는 무한을 생각하며 엄청난 자극을 받았다. 그런데 현실로 돌아와서, 우리는 무한을 경험할 수 있을까? 하늘을 올려다보면, 내가 보고 있는 이 공간이 무한하다는 생각을 누구나 하게 된다. 그런데 정말 내가 무한을 보고 있는가? 무한은 이 세상에 실제로 존재하는가? 이런 무한에 관해 이야기하는 책들을 소개해보자.

미묘하고 추상적이지만 익숙하고 이해하기 쉬운

장 피에르 뤼미네와 마르크 라시에 즈 레이는 프랑스의 천체물리학 및 우주론 학자들로서 프랑스 국립 과학연구센터 CNRS Centre National de la Recherche Scientifique에 재직 중인 연구원들이다. 이들은 물리학 연구 외에도 다양한 방면의 활동을 하고 있는데, 장 피에르 뤼미네의 소설 『금성의 약속』(임헌 옮김, 문학동네, 2001)은 우리나라에 번역되기도 했다.

마르크 라시에즈 레이는 내가 2015년에 맡았던 고등과학원 초학제 프로그램 〈우주의 시공간, 인간의 시공간Cosmic Spacetime, Human Spacetime〉에서 주최한 국제 콘퍼런스에 연사로 초청했던 적이 있다. 나와 함께 프로그램의 공동 책임자였던 프랑스 철학자 엘리 뒤링은 라시에즈 레이를 추천하면서 "물리학뿐 아니라 철학 및 인문학에도 폭넓은 관심을 가지고 있고 대중이 읽는 과학책을 여러 권 펴내기도 했다"고 알려주었다.

이들이 함께 쓴 책 『무한』(장 피에르 뤼미네·마르크 라시에즈 레이 지음, 이세진 옮김, 해나무, 2007)은 저자들의 주 전공인 우주론을 중심으로 무한 개념이 인간의 안팎에서 발전해온 과정을 다룬다. 인간이 무한 개념에 가장 직접적으로 맞닥뜨리는 것은 무엇보다도 광활한 우주 공간을 생각할 때다.

고대 그리스의 아낙사고라스나 아낙시만드로스로부터 우주라는 '상상할 수 없을 만큼 큰 것'을 상상하는 일이 시작되었고, 이는 과학이 발전하고 사유가 깊어짐에 따라 점점 더 심오한 문제가 되어갔다. 우주에 대해 더욱 많이 알게 되는 것과 함께, 무한과 유한이라는 개념도 더 정교하게 발전했고, 그 결과 우주는 무한과 유한 사이를 몇 번이고 오갔다. 우주는 기하학적 공간인가, 물질의 집합인가? 아니면 물질과 휘어진 시공간의 결합인가?

영국의 천체물리학자인 존 배로는 물리학, 천문학, 수학의 발전 과정을 인문학적인 관점에서 광범위하게 탐구하는 교양서적을 여러 권 펴낸 바 있다. 배로가 2005년에 펴낸 『무한으로 가는 안내서』(전대호 옮김, 해나무, 2011)는 수천 년 동안 인류의 정신에 나타난 여러 가지 무한에 대해 탐구하는 책이다. 무한은 사실 인간 정신의 온갖 활동에서 나타나는 주제다. 문학과 과학과 철학과 신학, 어디에든 무한은 등장한다. 사실 무한을 생각하게 만들기는 훨씬 단순해서, 어떤 일을 계속하다가 그저 이 일이 멈추지 않으면 어떻게 될까 생각해보는 것만 해도 이미 무한을 상상하는 것이다. 무한은 미묘하고 추상적인 관념이지만, 다르게 보면 이미 익숙하고 이해하기 쉬운 대상이다.

수학의 세계에서 무한을 만나다

무한 개념이 더욱 정교해지는 곳은 수학의 세계다. 사실 수학에서 무한을 만나는 일은 아주 흔하다. 수를 세거나 직선을 연장하면서 우리는 필연적으로 무한으로 이어지는 길을 따르게 된다. 이렇게 끝이 없는 길은 곧 무한으로 이르는 길이다.

여기서 무한은 영원히 도달할 수 없는, 가상의 존재다. 한편 우리는 무한을, 이렇게 큰 수나 기나긴 직선을 통해 만날 뿐 아니라, 한 조각의 직선이나 정해진 숫자 안에서도 얼마든지 만날 수 있다. 직선을 점점 더 작게 자르는 일, 혹은 숫자를 작은 숫자로 나누는 일 역시 무한으로 이어지기 때문이다. 간단한 예로 직선을 절반으로 자르고, 그 절반을 다시 절반으로 자르는 일을 반복해보자. 직선 조각은 점점 작아지겠지만, 이 작업은 무한히 반복된다. 숫자도 마찬가지다. 우리는 아무 숫자, 예를 들어 1에서 시작해서 계속 숫자를 2로 나누어갈 수 있다. 숫자는 점점 작아지지만 이 과정은 무한히 진행된다. 19세기에 바이어슈트라스 등이 발전시킨 현대 해석학이 바로 이로부터 발전한 내용을 다루는 분야다. 유한한 길이의 곡선 조각 안에는 얼마나 많은 점이 있는가? 물론 답은 무한이다. 그리고 이 내용이 바로 미분과 적분의 기초가 된다. 그래서 미분과 적분을 배우는 일이 무한에 대해 배우는 일인 것이다.

이스라엘 출신의 미국 수학자이자 과학 저술가인 아미르 악젤은 주로 수학의 관점에서 무한의 문제를 소개하는 책『무한의 신비』(신현용·승영조 옮김, 승산, 2002)를 썼다. 이 책은 게오르크 칸토어를 주인공으로, 주로 현대수학의 무한을 소개하는 책이다. 우리는 쉽게 무한을 떠올릴 수 있다고 했지만, 사실 모든 무한이 같은 게 아니다.

어떤 무한은 어떤 무한보다 더 크고, 전혀 달라 보이는 무한들이 결국 서로 같은 것으로 판명되었다. 이를 밝혀낸 것이 칸토어의 연구다. 칸토어의 업적은 무한을 연구하는 일에 대한 새로운 세계를 열었고, 현대 수학의 주춧돌이 되었다. 개인적인 불행과 위대한 업적이 교차하는 칸토어의 생애는 매우 흥미롭다.

현대에 있어서 무한을 이해하고 숙고하기 위해서는 수학 분야를 고려하는 일이 필수적이고, 그중에서 칸토어의 연구는 가장 중요한 업적이기 때문에 장 피에르 뤼미네와 마르크 라시에즈 레이의 『무한』과 존 배로의 『무한으로 가는 안내서』에서도 수학 분야의 무한은 비중 있게 다뤄지고 있다. 그래서 여기 소개한 책들을 읽으면 칸토어를 비롯한 수학에서의 무한에 대한 같은 이야기를 세 번 읽게 된다. 또한 두 책 모두 물리학과 우주론에서 나타나는 무한을 다루고 있기 때문에, 겹치는 부분이 적지 않다.

하지만 두 책을 읽는 느낌은 매우 다르다. 장 피에르 뤼미네와 마르크 라시에즈 레이는 주제를 깊숙이 파고들며 프랑스인 특유의 사변과 철학적 논의를 전개하고 있으며, 존 배로는 원제목(The Infinite Book)답게 무한에 관한 다채로운 이야기들을 풍부하게 들려주기 때문이다. 그러므로 무한이라는, 오래된 관념의 괴물에 관해서 생각하려 할 때, 여기 소개하는 세 권의 책 모두 나름대로 즐겁게 읽을 수 있는 안내자가 되리라고 생각한다.

보이지 않는
아름다움

2016년 12월 미국의 천문학자 베라 루빈(1928~2016)이 사망했다. 향년 88세. 루빈의 가장 중요한 업적은 1970년대에 여러 은하들의 회전 속도를 측정한 일이다. 루빈의 관측 결과는 은하의 회전 속도를 은하 중심에서부터의 거리에 따라 그려보면 태양계와 다른 모습이라는 것을 보여주었다. 태양계의 행성들이 회전하는 속력은 태양으로부터의 거리의 제곱근에 반비례해서, 태양에서 가장 가까운 수성이 제일 빨리 공전하고, 멀어질수록 행성의 속력 자체가 느려진다.

이 결과는 케플러의 법칙으로부터 간단히 유도할 수 있는데, 회전하는 은하라고 해서 이 관계가 달라질 이유가 없으므로 루빈의 결과는 놀라움을 몰고 왔다. 더욱 놀라운 일은 그런 모습이 우리 은하

뿐 아니라 거의 모든 은하에서 관측된다는 점이었다.

루빈의 관측 결과는 그 이후 더욱 많은 은하에서, 더욱 정확히 측정되어 확고한 사실로 자리 잡았다. 하지만 아직까지 루빈의 관측 결과가 무엇을 의미하는지 완전히 확증되지는 않았다. 그래도 많은 사람들이 답이라고 생각하는 가능성은 은하를 이루는 별들이 보이는 별뿐 아니라 더욱 거대하게 분포하는 물질 속에 잠겨 있다는 것이다. 우리는 그런 물질을 본 적이 없으므로, 그 물질은 망원경으로 보이지 않아야 하며 다른 어떤 방식으로도 관측되지 않아야 한다. 즉 그 물질은 보이지 않는 물질이어야 한다. 우리는 이러한 물질을 암흑물질이라고 부른다.

만약 암흑물질의 존재가 확인된다면, 루빈은 암흑물질의 증거를 처음 발견한 셈이다. 그래서 루빈이 사망했을 때 일부 사람들은 루빈이 노벨상을 받았어야 한다고 아쉬워하기도 했다. 갈수록 새로운 증거들이 발견되어, 암흑물질이 존재할 가능성이 점점 더 높아지고 있기 때문이다.

루빈이 관측한 은하의 회전 곡선 외에 발견된 여러 다른 암흑물질의 증거로는 다음과 같은 현상이 있다. 그중 한 가지인 중력 렌즈 현상은 다른 은하 뒤에 가려져 있는 멀리 있는 은하의 빛이 앞에 있는 은하의 중력에 의해 휘어져서 위치가 달라지거나 찌그러져 보이는 현상이다. 찌그러짐이나 변경 정도에 따라서 앞에 있는 은하의 중력을 추산할 수 있으므로 우리는 암흑물질의 양이나 분포에 대해서 정보를 얻을 수 있다.

또 다른 증거로, 빅뱅 우주론과 우주 배경 복사의 관측에 따르면 우주가 가지고 있는 에너지는 우리가 관측한 물질의 양의 20배가 넘어야 한다. 즉 우리가 직접 관측하지 못하는 무언가가 이 우주 안에 있어야 한다는 말이다. 간접적이지만 이 역시 암흑물질의 존재를 시사하고 있다.

한편 2011년의 노벨 물리학상은 "초신성 관측을 통해 우주가 가속 팽창함을 발견한" 공로로 세 천체물리학자 펄뮤터, 슈미트, 리스에게 돌아갔다. 이들이 관측한 우주의 가속 팽창은 흔히 암흑에너지라고 불리는, 중력과 반대되는 역할을 하는 에너지를 통해 설명된다.

암흑에너지가 우주를 점점 더 빠르게 팽창시킨다고? 좋다, 그럼 암흑에너지란 게 대체 무엇인가?

⚛ 암흑에너지란 무엇인가

이렇게 암흑물질과 암흑에너지라고 불리는, 알지 못할 존재가 최근 물리학과 우주론에서 급격히 주목을 받고 있다. 이들의 이름에 붙은 '암흑dark'이라는 말은 이름 그대로 검은색을 의미하는 것이 아니라 우리가 이들에 대해서 아무것도 알지 못함을 의미하는 것이다. 암흑물질은 우리 눈에 보이지 않으므로 사실상 '투명한transparent' 물질이라는 표현이 더 어울리고, 암흑에너지는 사실 아인슈타인의 우주상수cosmological constant에 가깝다. 이들에 대해서 탐구하고 이론적으로 연구하는 일, 그리고 실험적으로 이들을 발견하는 일은 현재 물리학의 가장 중요한 주제다.

암흑물질과 암흑에너지가 현재 가장 뜨겁게 관심을 끄는 주제니만큼, 이를 소개하고 설명하는 책도 다채롭게 소개되고 있다. 먼저 우리나라 과학자들이 저술한 책을 소개하도록 하자.

중원대학교 이재원 교수의 『우주의 빈자리, 암흑 물질과 암흑 에너지』(컬처룩, 2016)는 우주론학자의 책답게 우주론을 구체적으로 소개하면서 암흑물질과 암흑에너지가 우리 우주에서 어떤 역할을 하는지 자세하게 설명하고 있다. 이 책은 그리 두껍지 않으면서도 일반 상대성 이론과 우주론의 기초부터 간단한 입자물리학까지 두루 설명하고 있으며, 최신 실험 결과들과 현재 진행되거나 미래에 수행될 실험까지도 소개하고 있으므로, 암흑물질과 암흑에너지에 대해 한 권으로 요약하고 싶을 때 선택할 만한 책이다.

현재(2019년) 서대문자연사박물관 관장인 이강환 박사의 『우주의 끝을 찾아서』(현암사, 2014)는 우주 가속 팽창의 발견에 대해서 자세히 묘사해놓은 책이다. 이 책에는 우주에서 거리를 측정하는 방법과 같은 기초적인 천문학 지식부터 인플레이션 우주론까지 천문학과 천체물리학의 내용도 풍부하게 소개되어 있지만, 그보다도 높은 적색편이 초신성 탐색팀과 초신성 우주론 프로젝트팀이 서로 경쟁하면서 새로운 발견을 하고, 그것을 이해하기 위해서 애쓰는 과정이 생생하게 담겨 있는 부분이 더욱 빛난다. 예를 들어 노벨상을 받은 리스가, 처음 관측 결과를 얻고 나서 자신의 관측 결과를 가지고 팀원들과 주고받은 이메일은, 이해할 수 없는 새로운 결과를 발견했을 때, 새로운 발견을 했을지도 모른다는 흥분과 실수를 해서 창피를 당하면 어떡하나 하는 불안이 교차하는 모습을 생생하게 보여준다.

🔬 상상보다 더 아름다운 우주

암흑물질과 암흑에너지는 최근 워낙 중요한 위치를 차지하는 분야이므로, 외국에서도 많은 책이 출간되고 있을 텐데, 번역된 책은 의외로 많지 않다. 최근 저술된 책으로는 컬럼비아대학의 리처드 파넥이 쓴 『4퍼센트 우주』(김혜원 옮김, 시공사, 2013)가 있다. 과학 저술가인 리처드 파넥은 탄탄하고 방대한 조사와 세밀한 취재를 기반으로 해서, 암흑물질과 암흑에너지에 다다른 과학자들의 여정을 유려한 필치로 그려내고 있다. 과학적 내용의 세세함은 과학자가 쓴 저술보다 부족할지 모르지만, 이 거대한 모험에 참가하는 수많은 사람들이 빚어내는 드라마를 즐기기에는 이 책이 더 나을 수도 있다.

예를 들어 이런 부분을 보자. 지금은 대가가 된 우주론학자 콜브와 터너가 '안쪽 우주/바깥쪽 우주 학회'를 발족하며 쓴 발문에는 이런 구절이 있다고 한다.

> 그들은 이렇게 썼다. 아인슈타인은 자신의 방정식에 대한 용기
> 가 부족해서 팽창하는 우주를 예측할 기회를 놓쳤다. 나중 세대들
> 은 가모프의 방정식에 대한 용기가 부족해서 CMB를 발견할 기회
> 를 놓쳤다. 콜브와 터너는 자신들의 세대는 그런 실수를 하지 않겠
> 노라고 맹세하며… (후략)

이 발문을 쓰고 나서 얼마 후인 1989년에 콜브와 터너는 입자천
체물리학과 우주론을 설명하는 책인『초기 우주The Early Universe』를 썼
다. 이 책은 우리 세대가 우주론을 공부하는 데 교과서 역할을 했다.
『4퍼센트 우주』에는 과학 너머의 이런 소소한 이야기들이 빼곡히
깔려 있어 읽는 즐거움을 준다.

천문학자이자 훌륭한 과학저술가인 배리 파커가 지은『보이지
않는 물질과 우주의 운명』(김혜원 옮김, 전파과학사, 1997)은 좀 오래
된 책이라는 한계는 있지만, 암흑물질의 기초적인 내용들을 잘 설명
해주는 좋은 책이다. 위의 책들은 모두 최신 결과를 소개하기 위한
것이므로 암흑물질이 새로운 그 무엇이라는 것을 결론이 아니라 전
제로 두고 이야기를 전개하는 데 반해, 파커의 이 책은 베라 루빈의
관측과 같은 비정상적인 결과가 기존의 천체물리학과 입자물리학
으로는 정말 설명될 수 없는 것인지와 같은 기초적인 질문들부터 차

근차근 이야기를 전개한다.

예를 들어 '블랙홀이나 중성자별로 암흑물질을 설명할 수는 없는가?' '자기 홀극이나 무거운 중성미자는 어떤가?' 등이다. 일독의 가치는 충분하지만, 역시 오래된 책이라 지금의 관점에서 보면 옳지 않은 내용이 포함되어 있어 조심해야 한다. 한 가지 더하자면 번역도 조금 아쉽다. 역자는 『4퍼센트 우주』의 역자이기도 한데, 이 책은 예전 번역이어서일까?

『암흑우주』(정현수 옮김, 바다출판사, 2011)는 일본의 천문학자 다니구치 요시아키가 쓴 우주론과 천문학책이다. 천문학의 기초부터 일본인 특유의 방식으로 차근차근 풀어주어 쉽게 읽어볼 만한 책이다. 이 책은 주로 은하의 형성이라는 주제를 설명하는데, 여기에 암흑물질이라는 존재가 필수적임을 설명한다. 만약 암흑물질이 없었다면, 지금 우리가 보고 있는 양의 원자만으로는, 우주 초기에 뭉쳐서 별을 만들고 다시 이들이 모여서 은하와 같은 구조를 만들려면 엄청난 시간이 걸리기 때문이다. 이 내용도 물론 앞의 책들에서 언급되기는 했지만 이 책에는 특히 자세히 설명되고 있다.

현재의 관측 결과로는 원시 은하는 우주 나이가 10억 년이 채 되기 전에 형성되었고, 은하를 이루는 별 자체는 우주 나이 약 1억 년이 지났을 무렵, 태양의 약 100만 배 질량을 가진 가스 구름 속에서 태어난 것으로 추정된다. 그러나 만약 원자만 있었다면 그 정도의 짧은 시간 내에 그처럼 거대한 가스 구름을 만드는 일은 도저히 불가능하다. 질량이 부족하기 때문에 중력으로 한데 모이는 데 시간이 더 많이 필요한 것이다.

따라서 강력한 중력을 제공할 물질이 더 많이 필요하다. 우주 초기부터 우주의 모습을 시뮬레이션한 결과에 따르면 암흑물질 없이는 현재의 모습이 나올 수 없고, 우주론에서 요구하는 수준의 암흑물질이 있으면 우주가 현재의 모습이 된다는 것을 알 수 있다.

우주는 아름답다. 우리가 알던 것보다 더, 우리가 보는 것보다 더, 우리가 상상하는 것보다 더 아름답다. 암흑물질과 암흑에너지라는 인간의 상상을 완전히 초월하는 존재를 필요로 할 정도로 아름답다. 인간의 탐구가 우주의 아름다움을 어디까지 따라갈지는 모르지만, 우주의 아름다움을 느끼는 일이야말로 인간으로서 가장 행복한 일이 아닐까?

일본의
물리학자들

해마다 10월 초가 되면 노벨상 수상자 발표로 한바탕 떠들썩해진다. 평화상과 문학상도 대중적으로 많은 관심을 불러 모으지만, 뭐니 뭐니 해도 노벨상의 꽃은 과학 분야다. 수상자가 발표되면 주제에 대해 잠시나마 관심이 치솟고, 불멸의 명성을 얻은 수상자들에게 스포트라이트가 비춘다. 요즘은 노벨 과학상 수상자에 일본 사람이 포함되는 것은 그저 당연한 일이 되어서, 딱히 화제가 되지도 않는다. 하지만 20세기까지는 그렇지 않았다. 유카와 히데키, 도모나가 신이치로가 노벨 물리학상 중에서도 손꼽힐 만큼 중요한 업적으로 상을 타기는 했지만, 1973년 에사키 레오나 이후, 30여 년간 일본인이 받은 노벨 과학상은 1981년 후쿠이 겐이치의 화학상,

1987년 도네가와 스스무의 생리의학상 이렇게 두 개다. 1980년대와 1990년대의 버블 시대, 경제적으로는 미국을 곧 따라잡는다고 큰소리를 쳤지만, 노벨상에 있어서는 미국은 물론이고 서구의 다른 나라들에 비해서도 그리 내놓을 만한 정도는 아니었다.

⚛ 일본의 과학 발전 전체적으로 훑기

그러다가 2000년대에 들어서면서 분위기가 달라졌다. 2000년 시라카와 히데키, 2001년 노요리 료지가 각각 화학상을 받더니 2002년에는 정밀기계회사인 시마즈 제작소에 근무하는, 박사학위도 없는 회사원 다나카 고이치가 또 다시 화학상을 받아서 화제가 되었고 동시에 고시바 마사토시가 물리학상을 받아서, 두 분야에서 수상자를 배출한 것이다. 이후 몇 년간은 새로운 수상자가 나오지 않더니, 2008년 또다시 물리학의 마스카와 도시히데와 고바야시 마코토, 그리고 화학의 시모무라 오사무가 수상했다. 물리학의 또 다른 수상자인 난부 요이치로도 미국에서 활동하고 국적이 미국이긴 하지만, 일본에서 박사학위까지 받은 사실상 일본인이었기 때문에, 한 해에 무려 네 명의 수상자를 배출한 셈이다. 이후 2010년대에 들어서 일본은 그야말로 당연한 듯이 노벨상 수상자를 대거 배출하기 시작해서, 2018년까지만 해도 벌써 8명의 수상자를 배출했다. 단순히 숫자만 많은 것이 아니라, 수상 분야도 다양했고, 수상자의 출신 대학도 교토 대학과 도쿄 대학뿐 아니라 나고야 대학, 홋카이도 대학, 오사카 시립대학 등 폭이 넓어서, 그야말로 질과 양 모두 일본의 과학계가 얼마나 충실한가를 잘 보여주는 결과라고 할 만하다.

물론 일본은 19세기에 이미 열강에 합류한 나라고, 현재 세계 최고 수준의 공업국이며, 얼마 전까지만 해도 미국을 제외하고는 압도적인 경제력을 가진 나라였으니, 과학이 발전한 것이 당연하다고 할수도 있다. 그러나 또한, 일본은 근대 과학을 늦게 접했으므로 서구와 같은 수준의 과학 전통을 가지고 있다고 할 수 없는 후발주자라는 것도 확실하다. 그래서 또 다시, 일본보다 후발주자인 우리나라로서는 일본에서 과학이 어떻게 발전했고, 어떻게 지금과 같은 성취를 이루었을까 궁금해하게 되는 것이다. 그래서 여기서는 일본의 과학, 그중에서도 주로 노벨 물리학상 수상자들에 관한 책을 소개해보겠다.

『천재와 괴짜들의 일본 과학사』(고토 히데키 지음, 허태성 옮김, 부키, 2016)는 일본의 과학 발전 상황을 전체적으로 훑어보기에 좋은 책이다. 메이지 유신 이후 근대국가로 탈바꿈하려고 분투를 아끼지 않던 일본이 서구의 과학을 받아들이려고 노력하는 장면으로부터, 초기의 유학생들이 유럽에 가서 열등감과 싸우며 새로운 학문을 받아들이고, 그들의 제자들이 어떻게 일본 내에서 점차 학문의 전통을 수립해갔는가 하는 이야기들. 전쟁을 치르며 일본 사회가 과학을 어떻게 이용했고, 과학자들이 어떤 경험을 했는지, 그리고 패전 이후 수많은 연구자들이 여러 분야에서 어떻게 활약했는지를 일화 위주로 재미있게 이야기하고 있다.

재미있게 읽을 수 있고, 전체적인 조망을 할 수 있는 책이지만, 학술적인 책이 아니라 이야기책에 가까우므로 엄밀함이나 정확함은 기대하지 않는 게 좋다. 저자는 응용 물리학과 원자력 공학 등을 공부하고 신경 생리학으로 학위를 받은 의학박사다. 아마도 책을 쓰기 위해 여러 방면으로 취재를 했겠지만, 세부적인 사실에서 틀린 내용이 종종 눈에 띈다.

일본 과학을 일으킨 가장 중요한 인물은 누가 뭐래도 유카와 히데키일 것이다. 유카와는 서구에 유학을 하지 않고 일본에서만 공부한 자생적인 학자 1세대로서, 1935년경 새로운 입자를 도입해서 핵력을 매개한다는 아이디어를 제안했다. 그 후 놀랍게도 유카와가 제안한 새로운 입자로 보이는 입자가 발견되어, 유카와의 이론이 주목을 받기 시작했고, 1947년 영국의 파월이 우주선 속에서 발견한 입자가 유카와의 입자로 인정되어 마침내 1949년에 노벨 물리학상을 받았다. 일본 최초의 노벨상이었기에, 패전의 고통 속에서 어려움을 겪던 일본인에게는 자신감을 고취시키는 단비 같은 소식이었을 것이다.

유카와는 여러 저술을 남겼는데, 1946년에 나온 에세이집 『보이지 않는 것의 발견』(김성근 옮김, 김영사, 2012)이 우리나라에 소개되었다. 이 책에서는 현대 물리학에 대한 유카와의 생각과, 그의 어린 시절에 대한 회고를 읽을 수 있고, 그 밖에 유카와의 수필 몇 편도 수록되어 있다. 유카와의 에세이집으로 가장 널리 알려진 『나그네旅人, The Traveler』는 아직 번역되지 않았다.

유카와의 이름이 나오면 반드시 따라 나오는 이름이 도모나가 신이치로다. 두 사람은 교토 부립 제1중학교, 제3고등학교, 그리고 교토 대학교의 동기동창으로서 물리학을 함께 공부했던 평생의 동료이자 라이벌이기 때문이다. 졸업 후 도모나가는 이화학연구소RIKEN의 연구원이 되었다가 라이프치히 대학의 하이젠베르크 그룹에 합류했다. 제2차 세계대전이 발발해서 다시 일본으로 돌아온 도모나가는 전쟁 동안 독자적으로 양자전기역학을 연구했고, 전쟁이 끝난 후 그 업적을 인정받아서 1965년 미국의 줄리언 슈윙거, 리처드 파인만과 함께 노벨상을 수상했다. 도모나가 역시 일세를 풍미한 대가로서 여러 저술을 남겼는데, 우리나라에는 1970년대 후반에 했던 여러 강의를 모은 『물리학이란 무엇인가』(장석봉 옮김, 사이언스북스, 2002)가 번역되었다.

이 책은 말년에 물리학과 바깥세상과의 관계에 대해 도모나가가 가졌던 깊은 관심의 결과물로서, 물리학의 역사와 중요한 개념을 차근차근 소개하면서 제목 그대로 도모나가가 바라보는 물리학이란 무엇인가를 보여주고자 하는 책이다. 접근하기 어렵지 않으면서도 매우 깊이 있는 논의까지 담고 있어서, 물리학에 관심이 있는 이라면 읽어볼 가치가 충분한 책이다. 이 책은 준비 과정에서 도모나가가 사망해서 제자들이 편집해 출간되었는데, 역자들이 이 책을 번역했던 1990년대 말까지 20년 동안, 일본에서 38쇄를 찍을 만큼 널리 읽혔다고 한다. 지금은 다시 20년이 흘렀으니 그 뒤로도 더 많이 읽혔으리라고 짐작된다.

⚛ 일본 물리학의 영광이 가장 빛나는 곳, 중성미자 물리학

유카와와 도모나가, 그리고 사카타 쇼이치 등이 물리학의 가장 기초적인 부분에 기여함으로써 일본의 물리학을 세계 수준으로 올려놓은 길잡이가 되었다면, 오늘날 일본 물리학의 영광이 가장 빛나는 곳은 중성미자 물리학 분야다. 이 분야를 개척한 사람은 도쿄대 출신의 고시바 마사토시다. 미국 로체스터 대학에서 우주선 실험을 공부하고 일본으로 돌아온 고시바는 여러 업적을 쌓은 후 가미오카 현의 폐광에서 양성자 붕괴 및 중성미자 검출 실험인 가미오칸데KamiokaNDE를 시작했다.

고시바는 어마어마한 행운의 도움도 받았다. 1987년 최초의 실험 장치를 업그레이드해서, 세계 최고 수준의 중성미자 검출기를 완성하자마자 약 17만 광년 떨어진 마젤란 성운에서 대형 초신성이 폭발한 것이다. 이만한 초신성 폭발은 몇 백 년에 한 번 있을까 말까 한 사건이다. 고시바의 팀은 초신성에서 만들어진 중성미자를

237

최초로 검출하는 데 성공했고, 태양에서 온 중성미자를 최초로 검출한 레이먼드 데이비스와 함께 중성미자 천문학을 개척한 공로로 2002년 노벨 물리학상을 받게 되었다.

고시바는 이전의 천재형 선배 물리학자들과는 조금 결이 다른 사람이다. 물론 도쿄대 물리학과를 나왔으니 머리가 나쁘다고 하면 어폐가 있겠지만, 본인 말로는 구제 고등학교에도 재수를 거듭해서 겨우 합격했고, 도쿄대에서도 꼴찌를 했다고 하니, 소위 일등만 해온 천재 유형은 아닌 것이다. 그보다는 가난과 소아마비를 이겨낸 의지와, 지칠 줄 모르고 새로운 것을 찾는 적극성과 목표를 향해 끊임없이 노력하는 추진력이 그의 성공의 동력이었다고 하겠다.

이런 이야기를 담은 그의 자서전이 노벨상을 탄 후『하면 된다』라는 제목으로 소개되었고, 현재는 출판사를 바꿔서『도쿄대 꼴찌의 청춘 특강』(고시바 마사토시 지음, 안형준 옮김, 더스타일, 2012)이라는 이름으로 나와 있다. 둘 다 제목이 너무 노골적으로 계몽적인데, 내용은 자신의 솔직한 연구 생활뿐 아니라 연구 주제였던 물리학도 자세히 잘 설명하고 있어서 아주 흥미로운 책이다.

가미오칸데가 성공하자, 일본은 곧 그 옆에 훨씬 큰 새로운 검출기인 '슈퍼 가미오칸데'를 건설해서 연구를 이어나갔고, 1998년 여기서 중성미자가 시간이 지남에 따라 변한다는 증거가 처음 발견되었다. 이 결과는 더욱 중요한 업적인데, 그 이유는, 중성미자가 질량을 가진다는 증거로 해석되기 때문이다. 이어서 세계의 여러 실험에서 이 결과가 확인 및 보충되었고, 결국 현재는 중성미자의 질량이 존재한다는 결론으로 확립되었다. 고시바의 뒤를 이어 슈퍼 가미오 칸데를 건설하고 실험을 지휘한 사람이 고시바의 제자인 도쓰카 요지다. 당연히 노벨상을 수상할 사람으로 꼽히던 도쓰카는, 그러나 2008년 대장암으로 일찍 유명을 달리해버렸다.

그는 죽음이 가까워져 오자 블로그를 열어서 젊은 세대에게 과학을 소개하는 글을 올리기 시작했는데, 그 블로그의 이름을 'A Few More Month'라고 지은 것에서 도쓰카가 어떤 생각으로 블로그의 글들을 써내려갔는지가 짐작이 간다. 사후에 이 블로그의 글들을 모아서 출판한 책이 『과학의 척도』(도쓰카 요지 지음, 송태욱 옮김, 꾸리에, 2009)다. 애초에 블로그의 목적이 과학 입문이 되는 글이었으므로 대부분의 내용은 현대 물리학을 일선 연구자의 눈으로 소개하는 내용이다. 책의 말미에는 그가 죽기 직전에 했던 인터뷰가 포함되어 있고, 여기서 그의 개인사를 조금 엿볼 수 있다.

노벨상을 받은 것은 아니지만 앞에서 언급한 사카타 쇼이치도 일본 물리학에서 뺄 수 없는 존재다. 유카와의 주요 논문의 공저자기도 한 사카타는 그 밖에도 쿼크 모형에 해당하는 이론을 훨씬 먼저 선구적으로 제안했고, 중성미자를 비롯한 렙톤의 섞임을 설명하는 이론을 만들었으며, 그 밖에도 수많은 업적을 남겼다.

그는 또한 나고야 대학에서 많은 제자를 길러냈는데, 그의 제자인 마스카와 도시히데와 고바야시 마코토가 마침내 2008년에 노벨 물리학상을 수상했다. 이들의 업적은 쿼크가 서로 섞일 수 있고 그러면 그 효과로 인해 CP라고 부르는 대칭성이 깨지게 된다는 이론을 제안한 것이다. 이후 많은 실험이 이들의 이론을 확인했고, 결정적으로 일본 쓰쿠바 근교에 위치한 KEK 연구소의 가속기 실험을 통해서 검증되어 노벨상이 주어지게 되었다. 두 사람 중 특히 마스카와는 스승인 사카타처럼 사회 문제에 과학자가 적극적으로 참여해야 한다는 신념을 가지고 많은 활동을 해왔으며, 심지어 노벨상 수상 연설에서도 그러한 생각을 피력한 바 있다. 마스카와의 이런 생각을 담은 책이 『과학자는 전쟁에서 무엇을 했나』(김범수 옮김, 동아시아, 2017)다. 과학과 사회, 과학자의 삶과 시민의 삶을 고민하는 사람이라면 당연히, 그리고 아직 그런 고민을 하지 않은 사람이라면 이제부터 시작하기 위해 한번쯤 읽어볼 책이다.

⚛ 한국인 과학자의 평전을 보길 바라며

이렇게 일본의 노벨 물리학상 수상자들 몇 사람을 살펴보고 나니, 여러 생각이 들지만 무엇보다 한 줄기 부러움을 감출 수가 없다. 학문이란 전통의 힘이 느껴짐을 어찌할 수 없기 때문이다. 그래서 마지막으로 세상에 자랑할 만한 우리나라 출신 과학자의 평전을 간단하게나마 소개하고 싶다. 이휘소는 서울에서 태어나서 서울대학교 화공학과 재학 중에 미군 장교 부인

회의 후원으로 미국으로 유학했다. 펜실베이니아 대학에서 박사학위를 받고 프린스턴 고등연구소와 스토니브룩 대학을 거쳐 페르미 연구소 이론물리학 부장으로 활약하다가 불의의 교통사고로 사망했다.

경력에서 알 수 있듯이 1970년대 초 이휘소는 입자 이론 물리학 분야에서 당대의 최고 물리학자들과 영향을 주고받는 지도적인 물리학자였다. 그의 삶은 분단과 유신시대라는 배경과 갑작스러운 죽음이라는 사실 때문에 극화되어 몇몇 소설의 소재가 되었는데, 지나치게 사실과 다른 내용을 담아서 유족이 사후 소송을 통해 왜곡되었음이 확인되기도 했다.

젊은 나이에 아깝게 세상을 떠난 그를 추모하며 스토니브룩 대학에서 이휘소의 제자였던 전 고려대학교 교수 강주상이 『이휘소 평전』(사이언스북스, 2017)을 써서 그의 삶을 널리 알렸다. 비록 노벨상을 받은 것은 아니지만 생전에 이휘소는 그런 물리학자들 못지않은 학자로 인정받고 있었다. 다만 앞에서 내가 우리나라 과학자라고 하지 않고 우리나라 출신 과학자라고 했듯이, 이휘소 역시 한국이 길러낸 과학자는 아니고, 한국인일 뿐 미국의 과학자라고 해야 옳을 것이다. 앞으로 우리 사회에서 성장하고 활약하는 한국인 과학자의 평전을 보게 되기를 바란다.

현대 입자물리학이 서 있는 곳

『최종 이론의 꿈』
스티븐 와인버그 지음, 이종필 옮김,
사이언스북스, 2007

『신의 입자』
리언 레더먼·딕 테레시 지음,
박병철 옮김, 휴머니스트, 2017

『젭토스페이스』
잔 프란체스코 주디체 지음,
김명남 옮김, 휴머니스트, 2017

『천국의 문을 두드리며』
리사 랜들 지음, 이강영 옮김,
사이언스북스, 2015

『LHC, 현대 물리학의 최전선』
이강영 지음, 사이언스북스, 2014

절대적인 고요 속의 물리학

『물리학의 최전선』
아닐 아난타스와미 지음, 김연중 옮김,
휴머니스트, 2011

『허블의 그림자』
제프 캐나이프 지음, 심재관 옮김,
지호, 2007

『중력파, 아인슈타인의
마지막 선물』
오정근 지음, 동아시아, 2016

원자폭탄 이야기

『원자폭탄 만들기』
리처드 로즈 지음, 문신행 옮김,
사이언스북스, 2003

『Atoms in the Family』
Laura Fermi, University of Chicago
Press; Reprint edition, 1995

『아메리칸 프로메테우스』
카이 버드·마틴 셔윈 지음,
최형섭 옮김, 사이언스북스, 2010

『Hiroshima's Shadow』
Kai Bird, Pamphleteers Pr, 1998

『A World Destroyed』
Martin J Sherwin, Stanford,
CA Stanford Universi; 3rd edition, 2003

『오펜하이머』
제레미 번스타인 지음,
유인선 옮김, 모티브북, 2005

『한국의 히로시마』
이치바 준코 지음, 이제수 옮김,
역사비평사, 2003

『원자폭탄, 1945년 히로시마…
2013년 합천』
김기진·전갑생 지음, 선인, 2012

블랙홀과 일반 상대론

『블랙홀과 시간여행』
킵 손 지음, 박일호 옮김,
오정근 감수, 반니, 2016

『블랙홀 이야기』
아서 밀러 지음, 안인희 옮김,
푸른숲, 2008

『블랙홀 교향곡』
우종학 지음,
동녘사이언스, 2009

『완벽한 이론』
페드루 G. 페레이라 지음,
전대호 옮김, 까치, 2014

**『중력파,
아인슈타인의 마지막 선물』**
오정근 지음, 동아시아, 2016

양자역학은 어떻게 발전해왔는가

『양자 혁명』
만지트 쿠마르 지음, 이덕환 옮김,
까치, 2014

『퀀텀 스토리』
짐 배것 지음, 박병철 옮김,
이강영 해제, 반니, 2014

『얽힘의 시대』
루이자 길더 지음,
노태복 옮김, 부키, 2012

무한에 관하여

『무한』
장 피에르 뤼미네, 마르크 라시에즈 레이 지음,
이세진 옮김, 해나무, 2007

『금성의 약속』
장 피에르 뤼미네 지음,
임헌 옮김, 문학동네, 2001

『무한으로 가는 안내서』
존 D. 배로 지음, 전대호 옮김,
해나무, 2011

『무한의 신비』
아미르 D. 악젤 지음,
신현용·승영조 옮김, 승산, 2002

보이지 않는 아름다움

『우주의 빈자리,
암흑 물질과 암흑 에너지』
이재원 지음, 컬처룩, 2016

『우주의 끝을 찾아서』
이강환 지음, 현암사, 2014

『4퍼센트 우주』
리처드 파넥 지음,
김혜원 옮김, 시공사, 2013

『The Early Universe』
Edward W. Kolb, Michael S.
TurnerWestview Press, 1994

『보이지 않는 물질과
우주의 운명』
배리 파커 지음, 김혜원 옮김,
전파과학사, 1997

『암흑우주』
다니구치 요시아키 지음,
정현수 옮김, 바다출판사, 2011

일본의 물리학자들

『천재와 괴짜들의 일본 과학사』
고토 히데키 지음, 허태성 옮김,
부키, 2016

『보이지 않는 것의 발견』
유카와 히데키 지음, 김성근 옮김,
김영사, 2012

『물리학이란 무엇인가』
도모나가 신이치로 지음,
장석봉 옮김, 사이언스북스, 2002

『도쿄대 꼴찌의 청춘 특강』
고시바 마사토시 지음,
안형준 옮김, 더스타일, 2012

『과학의 척도』
도쓰카 요지 지음, 송태욱 옮김,
꾸리에, 2009

『과학자는 전쟁에서
무엇을 했나』
마스카와 도시히데 지음,
김범수 옮김, 동아시아, 2017

『이휘소 평전』
강주상 지음,
사이언스북스, 2017

4단

문학 읽어주는 천문학자,
이명현의 책장

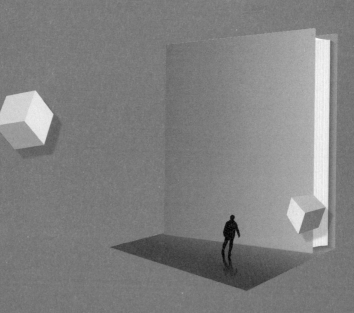

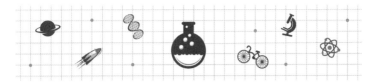

과학자가
읽어주는 문학 (1)

'과학자가 읽어주는 문학'이라는 강의를 몇 년 동안 진행했다. 과학의 창으로 문학을 바라보면 어떨 것인가 하는 문제의식에서 시작된 강연 시리즈였다. 상상마당의 기획자가 내게 문학 강좌를 맡아달라고 부탁을 하자마자 나는 바로 수락했다. 그뿐만 아니라 전체 커리큘럼까지 그 자리에서 이야기했다. 평소에 관심을 갖고 있던 주제여서 쉽게 강의를 구성할 수 있었다. 이 글과 다음 글에서는 강좌를 진행하면서 필독서로 지정했거나 읽어보기를 권했던 책들을 정리해서 소개할 생각이다. 과학의 창으로 문학을 보는 한 가지 방식에 대한 가이드라고 할 것이다.

한 번에 2시간씩 8주 동안 이어지는 '과학자가 읽어주는 문학' 강의는 크게 세 부분으로 이루어져 있다. 먼저 인간의 위치를 과학적으로 자리매김한 후 진화이론에 대한 강의를 한 다음 다윈주의 문학비평을 소개한다. 그런 다음 필요한 과학 강의를 하고 개입주의 문학비평을 소개한다. 마지막으로는 인물과 세계의 관계에 대한 문제를 다룬다. 즉, 각 파트에 관련된 과학에 대해서 이야기하고 이를 바탕으로 한 문학비평 이론을 소개한 후 문학작품을 읽어보는 순서로 진행된다. 이 글에서는 다윈주의 문학비평 이야기까지 다루기로 한다. 나머지는 이어지는 글에서 살펴볼 것이다.

과학을 통해서 세상을 바라보는 작업을 할 때 가장 적합한 책은 아마 칼 세이건의 『코스모스』(홍승수 옮김, 사이언스북스, 2006)일 것이다. 우주 속의 나의 위치를 가늠해보는 데 이보다 더 좋은 나침반은 없다. 무엇을 하든 '과학적'으로 하려고 한다면 이 책은 그 길로 나아가는 통과의례 같은 존재일 것이다. 『코스모스』에 이어서 추천하는 책은 내가 지은 『빅 히스토리 1 : 세상은 어떻게 시작되었을까?』(이명현 글·정원교 그림, 와이스쿨, 2013)다. 빅뱅우주론을 다룬 책인데 '빅 히스토리'라는 관점과 흐름을 염두에 두고 쓴 책이다. 『코스모스』를 통해서 우주와 인간의 과학적 연결고리를 가늠해봤다면, 이 책을 통해서는 구체적으로 우리가 사는 세상이 돌아가는 물질적 역사에 대해서 알아볼 수 있을 것이다. 여기까지는 워밍업이다.

앞서 두 책을 살펴보는 것은 다윈주의 문학비평을 이해하는 바탕이 된다. 다윈주의 문학비평은 조세프 캐롤이 1990년대 중반 제창한 문학비평 이론 중 하나다. 문학작품을 해석할 때 진화생물학과 진화심리학의 창을 통해서 해보자는 것이다. 인간의 본성은 오랜 시간 동안 진화하는 과정에서 생긴 여러 모순된 본능들의 집합이다. 문학작품도 인간인 작가가 만들고 인간인 독자가 읽는 것이기 때문에 여기에 인간의 본성이 큰 역할을 할 수밖에 없다. 그렇다면 문학작품을 해석하거나 이해하려고 할 때 진화이론의 창을 통해서 보면 보다 명징한 답을 구할 수 있을 것이다. 그런 작업을 하는 이론적 틀이 바로 다윈주의 문학비평이다. 다윈주의 문학비평을 통해서 문학작품을 읽으면 겉으로 드러난 등장인물의 행동과 심리의 심연에 숨어 있는 인간 본성의 보편성을 살펴볼 수 있는 장점이 있다.

예술, 진화심리학의 중요한 연구 대상

다윈주의 문학비평을 제대로 활용하려면 진화심리학과 진화생물학에 대한 어느 정도의 이해가 필요하다. 그리고 진화심리학과 진화생물학을 이해하려면 진화이론에 대한 이해가 바탕이 되어야 한다. 『코스모스』와 『빅 히스토리 1』를 통해서 우주 속 인간의 위치를 과학적으로 자리매김한 토대를 구축했다면, 그 다음으로는 지구상에서 생명이 탄생해서 진화한 과정을 살펴보아야 할 것이다. 진화이론 하면 다윈의 『종의 기원』이 먼저 떠오를 것이다. 그렇다고 해서『종의 기원』을 먼저 읽을 필요는 없다. 오래된 책이고 괜찮은 번역본이 없어 여전히 아쉬운 것이 현실이다. 진화이론에 입문할 책으로 윤소영이 지은『종의 기원』(사계절, 2004)을 추천한다. 다윈의『종의 기원』에 충실하면서도 유전학을 포함한 현대 진화이론을 모두 포괄하고 있다. 그뿐만 아니라 일상의 언어로 친절하게 진화이론의 개념을 하나하나 풀어낸다.

이 책을 통해서 현대 진화이론의 전체적인 맥락을 파악했다면 다음 단계로『오래된 연장통』(전중환 지음, 사이언스북스, 2010)과『다윈의 식탁』(장대익 지음, 바다출판사, 2015)을 읽어보면 된다.『다윈의 식탁』이 진화생물학과 진화심리학의 쟁점을 과학자들의 토론이라는 친근한 형식으로 정리했다면,『오래된 연장통』은 진화심리학의 재미있는 에피소드를 소개하는 형식을 취하고 있다. 이 세 권의 책은 모두 국내 저자가 쓴 책이라는 공통점이 있다. 이것은 큰 장점이기도 하다. 국내 독자들을 염두에 둔 눈높이 맞춤형 저술의 결과이기 때문이다. 그만큼 독자들이 번역체에 대한 부담이나 문화적인 이질감이 없는 상태에서 진화이론을 만날 수 있다.

진화심리학에 대한 이해는 특히 중요하다. 문학작품에서 다루는 대상의 대부분은 결국 우리 인간이며, 진화심리학은 진화이론을 바탕으로 인간의 본성에 대해서 탐구하는 학문이기 때문이다. 윤소영의『종의 기원』과『오래된 연장통』그리고『다윈의 식탁』은 다윈주의 문학비평을 만나기 전에 꼭 거쳐야 할 준비 과정을 잘 통과하게 해줄 안내서라 하겠다.

진화심리학에서는 예술을 인류가 진화하는 과정에서 갖게 된 인지적 기능에서 파생되었다고 본다. 따라서 예술은 진화심리학의 중요한 연구 대상이 된다. 문학도 마찬가지다. 다윈주의 문학비평의 범위에는 문학의 기원에 대한 진화심리학적 접근도 포함된다. 진화심리학의 관점에서 문학, 더 넓게는 '이야기'의 기원에 대해서 생각해보자는 것이다. 『이야기의 기원』(브라이언 보이드 지음, 남경태 옮김, 휴머니스트, 2013)은 진화심리학을 바탕으로 이야기의 기원을 풀어낸 책이다. 이야기의 기원을 진화 과정에서 생긴 인간 정신의 비대화에서 비롯된 부산물로 보는 관점으로부터 이야기가 짝짓기에 큰 이득을 주는 진화의 산물 자체라는 주장까지 다양한 이야기의 기원에 대한 이야기가 이 책에 실려 있다. 이야기의 기원에 대한 이론들 간에는 차이가 있지만 결국은 진화의 결과라는 점을 명확하게 하고 있다.

『이야기의 기원』이 다소 학술적인 책이라면 『스토리텔링 애니멀』(조너선 갓셜 지음, 노승영 옮김, 민음사, 2014)은 이야기, 즉 스토리텔링에 탐닉하고 있는 인간의 다양한 모습을 실증적인 사례를 통해서 보여주는 책이다. 이 두 권의 책을 통해서 이야기, 즉 문학이 진화의 산물 그 이상도 이하도 아니라는 사실을 인지할 수 있다면 다윈주의 문학비평의 세계에 이미 들어선 것이라 할 수 있겠다.

✿ 다윈주의 문학비평의 해석을 만나다

안다깝게도 본격적인 다윈주의 문학비평을 소개하는 책은 번역된 것이 없다. 다윈주의 문학비평의 중심에 있는 조세프 캐롤의 책이 한 권도 번역되지 않았다는 것은 살짝 충격적이기도 하다. 아쉽지만『오래된 연장통』의 한 단원에서 다윈주의 문학비평에 대한 대략적인 설명을 만날 수 있다. 다윈주의 문학비평의 창으로 문학작품을 다룬 책은 번역된 것이 있다. 데이비드 바래시와 나넬 바래시가 쓴『보바리의 남자 오셀로의 여자』(박중서 옮김, 사이언스북스, 2008)가 바로 그 책이다. 이 책의 앞부분에 다윈주의 문학비평에 대한 친절한 설명이 나온다. 본격적인 다윈주의 문학비평 이론서가 나오거나 번역되기 전까지는 이 책의 해설 부분이 교과서의 역할을 할 것으로 생각된다.

다윈주의 문학비평은 1990년대 중반 인간 본성은 없고 문화 같은 인위적인 것이 인간의 가치와 행동을 구성한다는 포스트모더니즘적 기류에 대한 반발로 시작되었다. 인간 본성은 살아 있다는 것을 강조하는 문학비평 이론이라고 할 수 있다. 등장인물의 행동 동기에 대해서 즉각적이고 근접한 이유로 설명하는 대신 유전적 특질 또는 진화론적 양상 같은 장기적이고 본질적인 맥락에서 궁극적인 원인에 바탕을 두고 설명하는 데 초점을 맞춘다.

다윈주의 문학비평은 진화의 과정을 통해서 구축된 인간의 본성이 구체적인 문학작품에서 어떻게 구현되고 있으며 그것을 어떻게 진화심리학적으로 해석할 수 있을지에 관심을 갖는다. 문학을 환경에 대한 적응의 표현으로 보고 특정 작품의 특정 인물과 플롯은 그러한 생존 방식의 표현으로 본다. 작가도 진화의 산물이므로 인간의 본성이 의도적으로 또는 비의도적으로 작품 속에 녹아 있을 것이다. 요약하자면, 다윈주의 문학비평은 작가의 의도적, 비의도적 행위와 그 너머를 진화심리학적으로 파악하고 분석하려는 시도다.

『보바리의 남자 오셀로의 여자』에서는 다윈주의 문학비평의 관점에서 고전 문학 작품들을 분석한다. '인간 본성'이라는 키워드를 통해서 새롭게 문학작품을 읽어낸다. 이 책은 다윈주의 문학비평가가 우리에게 제시하는 모범적인 다윈주의 문학비평서라고도 할 수 있겠다. 제인 오스틴의 『오만과 편견』 같은 작품은 다윈주의 문학비평의 해석을 만나서 그 작품 본연의 모습을 여지없이 드러낸다. 『오셀로』의 진짜 민낯을 볼 수 있게 해주는 것도 이 책의 미덕이라고 할 수 있다.

국내 문학비평가가 다윈주의 문학비평에 관심을 갖고 연구를 거듭한 후 펴낸 『뇌를 훔친 소설가』(석영중 지음, 예담, 2011)는 무척 반가운 책이다. 석영중은 다윈주의 문학비평의 한 방식인 신경비평의 입장에서 고전들을 분석한 결과를 이 책으로 엮었다. 저자는 정작 이런 결과물을 내놓으면서 다윈주의 문학비평에 일정한 거리를 두는 양비론적인 입장을 취했지만 이런 시도가 국내 학자에 의해서 이루어졌다는 사실만으로도 무척 반갑다.

이 글에서 제안한 과정을 통해서 인간의 과학적 위치를 파악하고 진화이론과 진화심리학에 대한 책을 읽은 후 다윈주의 문학비평의 관점에서 문학작품을 해석한 책을 읽어본다면 새로운 시각으로 문학을 만날 수 있을 것이다. 문학이 과학을 만났을 때 어떻게 더 풍성한 문학 읽기가 시작되는지 체계적으로 알리고 싶은 것이 나의 작은 바람이다. 다윈주의 문학비평은 문학을 바라보는 또 하나의 창을 열어줄 것이다.

과학자가
읽어주는 문학 (2)

프랑스의 문학평론가 피에르 바야르가 제창한 개입주의 문학비평이라는 것이 있다. 작가와 문학 텍스트를 불변의 존재로 보지 않고 이들의 유동성에 초점을 맞춰서 문학에 접근하려는 시도다. 작품과 작가의 권위 앞에 무기력하게 순응하지 않고 적극적으로 작품에 개입해서 재해석하고, 필요하다면 작품 자체를 변형하고 개선하자고 바야르는 제안한다. 조금 더 나아가 진리와 정의라는 가치 아래 문학을 개선하려는 이상적이고 정치적인 문학비평이라고 할 수 있다. 영어권보다 더 낯선 프랑스권 문학비평이론이다 보니 상대적으로 국내에 덜 알려진 것이 사실이다. 다행히 바야르의 개입주의 문학비평 작업 중 일부가 우리말로 번역되어 있어서 그의 문학비평 세계를 엿볼 수는 있다.

바야르가 대중에게 이름을 알린 것은 아무래도 『읽지 않은 책에 대해 말하는 법』(김병욱 옮김, 여름언덕, 2008)을 통해서일 것이다. 이 책에는 바야르 자신이 텍스트를 대하는 태도가 명징하게 드러나 있다. 책을 쓰인 그대로의 책 자체로 다루지 않고 독서를 고전적인 독서 행위 자체로만 가두어 두지 않겠다는 필자의 의지가 드러나는 책이다. 비독서 행위도 독서로 포괄하면서 독서의 범위를 대폭 확대하기도 한다. 책을 읽지 않는 행위도 독서에 내포시켜버리는 필자의 내공에 감탄할 뿐이다.

개입주의 문학비평의 정신

바야르가 우리나라를 방문했을 때 만날 기회가 있었다. 그는 자신의 거의 유일한 취미가 독서라고 했다. 그러면서 『읽지 않은 책에 대해 말하는 법』의 필자는 자신의 여러 모습 중 하나라고 덧붙였다. 이 지점에서 바야르의 개입주의 문학비평의 정신을 접할 수 있다. 문학평론이나 논픽션에서 화자는 현실 속의 필자 자신이다. 소설이나 픽션에서의 화자는 작가가 아니고 작품 속 등장인물일 뿐이다. 그런데 픽션에서 '나'라는 화자가 여러 다른 작품 속에서 각기 다른 인물이듯 논픽션의 화자인 '나'도 각 에세이에서 각기 다른 인물이라면 어떨까. 바야르는 논픽션인 문학평론의 화자를 픽션의 화자처럼 작품마다 독립적인 개체로 만들려는 시도를 한다. 즉 픽션과 논픽션의 경계를 허물겠다는 것이다. 가상과 실제의 경계를 허물겠다는 것이다. 이런 작업을 통해서 문학비평은 문학작품과 겹치게 되고 가상과 실제의 경계지대로 이동하게 된다. 문학의 본령이 스토리텔링이었다면 문학비평도 그곳으로 회귀한다는 뜻이다. 문학비평도 이야기라는 문학의 근원으로 돌아가겠다는 것이다.

바야르의 이런 생각은 여러 권의 책을 통해서 대중을 만나고 있다. 『셜록 홈즈가 틀렸다』(백선희 옮김, 여름언덕, 2010), 『누가 로저 애크로이드를 죽였는가?』(김병욱 옮김, 여름언덕, 2009), 『햄릿을 수사한다』(백선희 옮김, 여름언덕, 2011)라는 책을 통해서 바야르는 추리비평을 선보인다. 문학 텍스트는 완벽하고 영원불변의 존재가 아닌 유동적인 존재라는 자각에서 추리비평은 시작된다. 작가가 작품을 온전하게 장악할 수 없다는 것을 받아들인다면 문학작품 역시 유동성을 지닌 미완의 존재라는 것을 받아들이기 쉬울 것이다.

바야르는 작가 자신도 모르는 사이에 작품 속에서는 별의별 일이 일어날 수 있다고 주장한다. 예를 들면, 『햄릿』이나 코난 도일의 작품, 그리고 애거사 크리스티의 추리소설 속에서 범인으로 지목된 인물이 어쩌면 진짜 범인이 아닐 수도 있다. 작가가 의도적이든 무의식 중에든 놓친 진짜 범인을 찾는 작업을 문학비평가는 마땅히 해야 하며 이런 문학비평을 추리비평이라고 하자는 것이 바야르의 주장이다. 문학작품 속에서 문학적 살인을 당한 억울한 가짜 범인 대신 진짜 범인을 추적해서 밝혀내는 작업이야말로 문학비평가가 마땅히 해야 할 일이라는 것이다. 바야르는 추리비평 작업을 통해서 『햄릿』과 『애크로이드 살인 사건』 그리고 『바스커빌 가문의 개』 속에서 그동안 억울하게 범인으로 몰렸던 인물들을 구원하고 진짜 범인을 밝혀내서 고발한다.

작가와 작품의 유동성을 바탕으로 한 추리비평은 문학비평을 논픽션에서 픽션으로 한걸음 밀어 넣는 것 같은 느낌을 들게 한다. 추리비평의 화자 '나'는 논픽션 작가 자신이라기보다는, 글에서 어떤 입장을 취하는 독립된 인물처럼 보인다. 논픽션의 작가와 화자가 불일치를 보일 수 있는 가능성을 실험한다고나 할까. 즉 추리비평은 그 자체로도 문학 텍스트를 풍성하게 해석할 수 있는 도구라고 할 수 있다. 독서와 추리비평을 통해서 누구든 창작자의 입장에서 문학비평을 할 수 있는 셈이 된다.

논픽션과 픽션의 경계가 무너지는 창조비평

『예상 표절』(백선희 옮김, 여름언덕, 2010)이라는 책에서 바야르는 한 방향으로의 시간의 흐름을 무장 해제시킨다. 표절은 현재의 작가가 과거의 작가의 작품을 인용 없이 도용하는 행위다. 현재의 작가가 과거의 작가의 영향을 받을 수는 있어도 과거의 작가가 미래의 작가의 영향을 받거나 그들의 작품을 표절할 수는 없을 것이다. 현실 세계에서는 말이다. 바야르는 상상력을 발휘해서 과거의 작가가 마치 미래의 작가의 작품에 영향을 받거나 표절을 한 것처럼 의심되는 작품들을 분석했다. 시간의 흐름의 방향을 문학적 상상력을 통해서 무력화시킨다면 어떤 일이 벌어질까.

과거 작가의 작품 중 미래의 어느 작가의 작품과 유사하거나 비슷한 경향을 띤 작품이 있다고 하자. 그 작품이 과거의 작가가 쓴 다른 작품들의 큰 흐름과 다르다면 우리는 그 작가의 그 작품을 그냥 한 번의 일탈이나 시도로 치부하고 넘겨버리거나 큰 관심을 두지 않을 것이다. 하지만 미래의 작가와 시간의 흐름을 뛰어넘는 연결고리를 만든다면 문학사의 관계 설정은 더욱 풍성해질 것이다. 작가의 대표적인 흐름을 벗어난 작품도 그 작가의 작품 세계에서 의미 있는 자리를 차지할 수 있을지도 모른다. 한 방향으로만 지속되던 작가들 사이의 상호작용이 시간 양방향으로 확대되면서 엄청난 문학비평의 소재와 주제가 생겨나는 것이다. 예상비평을 활용하면 문학작품 읽기는 더 풍성해질 것이다. 현실에서는 이런 논의가 무의미해 보이지만 문학평론을 픽션의 영역으로 몰고 가면 이런 가능성에 조금은 더 너그러워질 수 있을 것이다.

바야르는 여기서 더 나아가서 문학작품 자체를 개선할 수 있다는 입장을 취한다. 『망친 책, 어떻게 개선할 것인가』(김병욱 옮김, 여름언덕, 2013)에서 바야르는 작가 역시 유동성을 지닌 인간이기 때문에 평생을 거쳐서 일정한 수준의 작품의 질을 유지할 수 없을 것이라는 점을 받아들이자고 제안한다. 어느 작가의 망친 책을 제목을 바꾼다거나 간단한 손질을 통해 훨씬 더 완성도 높은 책으로 만들 수 있다는 것이다. 이런 개선주의 문학비평을 통해서 심지어는 망친 책을 내용이나 구성뿐 아니라 그 지향점까지지도 진리의 관점에서나 정치적으로 올바른 방향으로 개선하는 것을 주저하지 말자고 주장한다.

개선주의 문학비평은 추리비평이나 예상비평과 달리 문학 텍스트 자체를 뜯어고치겠다는 야심 찬 제안을 한다. 작가의 작품을 문학비평가가 뜯어고친다면 그 결과물은 문학비평인가 아니면 새로운 창작물인가 하는 근원적인 질문을 던질 수 있을 것이다. 바야르는 개선주의 문학비평을 통해서 궁극적으로는 문학비평 자체가 문학작품이 되는, 즉 논픽션과 픽션의 경계가 무너지는 창조비평을 이룩하려고 한다.

⚛ 개입주의 문학비평과 양자역학적 인식론

그렇다면 바야르의 개입주의 문학비평이 과학과 무슨 상관인 걸까. 작가나 문학작품의 유동성을 그 출발점으로 삼는다는 점에서 앞서 살펴보았던 다윈주의 문학비평을 떠올릴 수 있을 것이다. 작가는 여러 모순된 본성을 지닌 진화의 산물이다. 그런 작가가 허구의 스토리텔링을 통해 만들어낸 이야기의 결과물은 당연히 자체 모순을 내포한 존재일 수밖에 없다. 문학작품의 유동성이라는 키워드를 통해서 다윈주의 문학비평과 개입주의 문학비평이 만난다. 개입주의 문학비평은 진화심리학을 포괄하는 문학비평이론이 되는 셈이다.

개입주의 문학비평에서 문학평론가는 각각의 문학비평 속에서 각기 다른 화자로 등장한다. 비평가 자신과 그가 쓴 글의 화자가 분리되므로 한 사람의 문학비평가가 각각의 작품 속에서 다른 인물로 살아갈 수 있는 것이다. 그 바탕에는 평행우주적인 인식론이 깔려 있다. 바야르는 자신의 문학비평의 이론적 근거를 정신분석학에서 차용했지만 현대과학의 인식론으로 바야르의 개입주의 문학비평의 이론적 토대를 대신할 수 있을 것 같다. 각기 다른 문학비평 속 화자는 모두 바야르 한 사람이 아니라 각기 다른 평행우주 속 바야르의 분신이라고 할 수 있을 것이다. 현실과 가상의 경계가 모호해지는 것을 정보과학을 바탕으로 한 인식론으로 받아들이려는 현대과학의 트렌드가 바야르의 개입주의 문학비평 작업 속에 유유하게 흐르고 있다. 바야르가 개입주의 문학비평에서 취하고 있는 작가와 텍스트의 유동성은 불확실성과 확률적 가능성에 대한 태도로 치환할 수 있고 이는 곧 양자역학적인 인식론과 일치한다.

바야르의 개입주의 문학비평이 현대과학적 인식론과 궤를 같이 한다는 것은 무척 반가운 일이다. 과학적 인식론을 바탕으로 한 과학적 문학비평 이론으로서의 면모와 체계를 갖췄기 때문이다. 바야르의 개입주의 문학비평 책들을 읽기 위해서 먼저 양자역학과 다중우주에 관한 과학책을 읽기를 권한다. 현대과학의 인식론에 대한 이해를 바탕으로 개입주의 문학비평을 접해야 그 이해도가 높아질 것이다. 양자역학에 대한 이해를 돕기 위한 책으로는 『과학하고 앉아있네 3』(김상욱·원종우 지음, 동아시아, 2015)와 『과학하고 앉아 있네 4』(김상욱·원종우 지음, 동아시아, 2016)를 추천한다. 양자역학이 갖는 인식론적 의미를 중심으로 읽어보면 좋겠다.

다중우주와 관련해서는 브라이언 그린이 지은 『멀티 유니버스』(박병철 옮김, 김영사, 2012)를 권한다. 다중우주, 평행우주, 대안우주, 가상우주같이 비슷하면서도 다른 다중우주의 개념을 잘 정리해둔 책이다. 이 책들을 통해서 현대과학의 인식론을 머릿속에 새긴 후 바야르의 개입주의 문학비평책들을 읽으면 개입주의 문학비평의 결과물을 한껏 더 즐길 수 있을 것이다. 그런 후 바야르가 다루었던 『햄릿』이나 『바스커빌 가문의 개』, 『애크로이드 살인 사건』 같은 작품을 다시 읽어보자. 새로운 세계가 열릴 것이다. 새롭고 풍성한 문학 읽기의 신세계가 펼쳐질 것이다.

별을 만나러 가는 길목의
별책들

내가 천문학자라고 소개하면 의외로 많은 사람들이 호감을 가지고 말을 붙인다. 여기에 내가 어린 시절부터 아마추어 천문가의 길을 걸었다고 하면 그 호감도는 더 높아진다. 한때 천문학자가 되고 싶었다는 사람도 심심찮게 만난다. 별을 보기를 좋아한다는 사람은 더 자주 본다. 별에 대한 기억과 추억을 간직하고 있는 사람들도 드물지 않다. 별을 보고 싶은데 어떻게 하면 되는지 묻는 사람들도 많다. 어떤 망원경을 사면 좋을지 묻거나 어디로 가야 별을 마음껏 볼 수 있는지 묻기도 한다. 그럴 때마다 나는 사람들 마음속에 별이 하나씩 있다는 생각을 하곤 한다. 별에 대한 동경심이 마음속 깊이 자리 잡고 있는 것이 틀림없다.

아마추어 천문학의 세계

사실 천문학자들은 별에 대해서 잘 모른다. 최소한 일반인들이 관심을 갖는 별이나 별자리에 대한 지식은 별 차이가 없을 것이다. 천문학자는 일반인들이 상상하는 것과는 좀 다르게 그냥 자연과학을 연구하는 학자일 뿐이다. 물리학자나 생물학자와 똑같은 과학자인 것이다. 천문학자를 상상할 때 떠올리는 대부분의 이미지는 아마추어 천문가의 모습이다. 눈으로 망원경을 보면서 밤을 지새우는 모습이나 별자리 이야기를 늘어놓는 모습을 천문학자들에게서 찾아보기는 힘들다. 그들은 전문적으로 학문을 연구하는 사람들이고 그 결과를 논문으로 쓰는 과학자들이다. 천문학자들은 자신만의 망원경을 갖고 있지 않다. 연구 결과를 얻을 수 있고 그것을 바탕으로 논문을 생산할 수 있을 정도의 관측 장비를 사용해야만 한다. 개인이 그런 망원경을 소유할 수는 없다. 별자리는 학문적 연구의 대상이 아니므로 천문학자들에게는 그저 먼 다른 나라의 이야기처럼 여겨진다. 망원경을 들고 밤새 천체를 관측하면서 기뻐하는 모습은 아마추어 천문가들의 전형적인 모습이다. 천문학자들은 컴퓨터 앞에 앉아서 관측하고 연구한다.

아마추어 천문학은 독특한 위치를 차지하고 있다. 아마추어 물리학자나 아마추어 생물학자라는 존재가 있는지 잘 모르겠다. 아마추어 천문가의 수는 천문학자의 수보다 수백 배, 어쩌면 수천 배 더 많을 것이다. 아마추어 천문가는 말 그대로 취미로 천문학을 하는 사람들이다. '천문학'이라는 말이 좀 무거우면 취미로 천체를 탐닉하는 사람들이라고 해도 좋을 것이다. 천문학자와는 구분된 독립된 지위를 갖고 있다. 천문학자와는 다른 방식으로 천체를 관측하기 때문이다. 물론 때로는 아마추어 천문가들이 천문학자들의 연구를 도와줄 때도 있다. 예를 들면 변광성 관측 캠페인에 참여한다든지 외계행성 탐사 프로젝트에 참여하는 식으로 천문학 관측에 기여한다. 혜성이나 소행성의 발견도 전통적으로 아마추어 천문가들의 몫이었다.

최근 들어서 천문학자들이 대형망원경을 사용해서 전체 밤하늘을 체계적으로 관측하기 시작하면서 아마추어 천문가들의 입지가 줄어들기는 했지만 여전히 그들에게 새로운 천체의 발견은 매력적인 분야다. 아마추어 천문가 중에는 천체사진을 찍는 아마추어 천체사진가도 있다. 요즘은 '아마추어'라는 단어를 빼고 보통 천체사진가라고 부른다. 천문학자들은 천체사진의 미학에는 별 관심이 없다. 천체 사진으로부터 물리적인 정보를 얻는 데 온통 관심이 쏠려 있기 때문이다. 멋지고 아름다운 천체의 모습을 사진에 담는 것은 천체사진가들의 몫이다. 그들은 사진가라는 관점에서 보자면 독립된 전문가 집단이다.

아마추어 천문가도 다양한 모습으로 존재한다. '별지기'라는 이름으로 좀 더 다정하게 부르기도 한다. 그냥 낭만적으로 별에 대해서 생각하고 그냥 가끔씩 별을 올려다보는 사람도 어쩌면 아마추어 천문가일 것이다. 어쩌면 별을 마음속에 품고 있는 모든 사람이 잠재적인 아마추어 천문가이기도 할 것 같다. 아마추어 천문가 중에는 눈으로 별을 보는 것을 좋아하는 안시관측자들이 있다. 망원경이 있고 없고 간에 그저 눈으로 별을 보고 별자리를 찾아보고 즐기는 사람들이다. 그냥 눈으로만 감상하지 않고 눈으로 보이는 천체의 모습을 그림으로 남기는 사람들도 있다. 어린 시절부터 아마추어 천문가 생활을 해오다가 천문학자가 되었고 이제는 별과 우주를 소재로 글을 쓰는 작가가 된 나는 요즘 아마추어 천문가 후배들을 따라다니면서 눈으로만 별을 보는 안시관측의 묘미에 푹 빠져 있다. 어린 시절 처음 별을 맨눈으로 만났던 그 감흥과 설렘을 다시 느껴보고 있는 중이다.

망원경은 아마추어 천문가들에게는 필수적인 장비다. 쌍안경으로 보는 밤하늘의 모습은 새로운 세상으로 가는 길목이다. 요즘은 직접 망원경을 만드는 사람들이 많지 않지만 직접 망원경을 제작하는 경험은 잊을 수 없는 추억을 제공할 것이다. 나도 초등학교 때 한 번, 고등학교 때 한 번 망원경을 직접 만들어본 적이 있다. 어설픈 망원경이었지만 만드는 과정에서 많은 것들을 배우고 느꼈었다. 자신만의 망원경을 갖고 천체를 관측하는 재미는 해보지 않은 사람은 상상하기 힘든 특별한 체험이다.

망원경을 비롯한 장비 자체를 사랑하는 사람들도 있다. 책을 읽는 것과 책을 소장하는 문화가 다르듯이 천체를 관측하는 것과 망원경을 비롯한 천체 관측 장비를 모으는 것은 또 다른 세상이다. 돈이 많이 드는 취미이긴 하지만 관측 장비 수집은 거부할 수 없는 매력이 있다. 이런 모든 활동이 아마추어 천문가의 영역에 속한다. 망원경과 카메라를 사용해서 천체 사진을 찍는 일도 아마추어 천문가들의 장이다. 요즘 우리나라의 몇몇 천체사진가들은 세계적으로도 주목받는 성과를 내고 있다. 아마추어 천문가의 세계는 이렇듯 다양하고 또 한편 아마추어라는 말이 무색하게 전문적이다. 천문학과 동등하게 독립적인 세계를 구축하고 있는 것이 아마추어 천문학의 세계인 것이다.

아마추어 천문가를 위한 길잡이

전직 아마추어 천문가이자 전직 천문학자이며 현직 작가인 나는 경력의 특성상 별에 대한 온갖 질문을 받고 그에 답을 해야 하는 경우가 많다. 그중에서도 별과 관련된 책을 추천해달라는 부탁을 자주 받는다. 위에서 이야기한 것처럼 별에 대해서 사람들이 이야기할 때 그 관심과 질문의 층위는 무척 다양하다. 당연히 모두를 만족시킬 만한 책을 소개하기란 불가능하다. 별에 대해서 낭만적인 관심을 보이는 질문자나 별을 보고 싶은데 어떻게 하면 될지 묻는 사람들에게 요즘 내가 권하는 책이 두 권 있다. 하나는 내가 쓴 『이명현의 별 헤는 밤』이다. 전직 아마추어 천문가로서의 경험과 전직 천문학자로서의 지식을 바탕으로 현직 작가가 쓴 책이라고나 할까. 별과 우주에 대해서 여러 경험을 한 내가 일반인들에게 들려주는 별 이야기가 이 책에 담겨 있다. 별과 우주에 대한 작은 느낌과 약간의 지식을 공유하기에 적당한 책이라는 자평이다.

또 다른 책은 아마추어 천문가 조강욱이 지은 『별보기의 즐거움』(들메나무, 2017)이다. 안시관측을 주로 하는 조강욱은 별을 더 많이 보기 위해서 다니던 회사를 정리하고 뉴질랜드에 가서 살고 있다. 아마추어 천문가들이 꿈꾸는 생활을 실천하고 있는 사람이다. 별에 푹 빠진 현직 아마추어 천문가가 들려주는 아마추어 천문가 입문에 대한 안내서다. 아마추어 천문가로서의 즐거움에 대한 소회부터 안시관측과 사진관측에 대한 소개, 초보자들이 관측할 대상 천체들에 대한 설명, 그리고 망원경과 천체 스케치에 이르기까지 아마추어 천문학에 입문하는 사람들을 위한 실질적이고 좋은 입문서가 바로 『별보기의 즐거움』이다. 별에 다가가고 싶다면 결이 다른 이 두 권의 책과 함께 첫걸음을 내딛기를 권한다.

별자리에 관한 책들 중에서 내가 여전히 애정하는 책은 『이태형의 별자리여행』(이태형 지음, 나녹, 2012)이다. 나온 지 제법 오래된 책이지만 계절별로 관측 가능한 별자리들에 대해서 아주 실질적인 내용을 담고 있다. 별자리의 위치를 파악하거나 관측할 대상 천체를 찾고 별자리 전설에 대해서 알아보기 위한 책으로 손색이 없다. 두고두고 참고자료로 쓸 수 있는 책이기도 하다. 실제로 아마추어 천문에 막 입문해 설렘과 열정을 실제 관측에 연결하는 과정에 있는 사람이라면 제법 큰 도움을 줄 수 있을 것이다. 특히 안시관측을 즐기는 아마추어 천문가라면 자신의 경험을 녹여 쓴 별자리 책인 『이태형의 별자리여행』을 한껏 활용할 수 있을 것이다.

천체사진에 관심이 있다면 먼저 황인준이 지은 『별빛 방랑』(사이언스북스, 2015)을 보기를 권한다. 천체사진가 황인준이 십여 년에 걸쳐서 찍은 딥스카이 사진을 모은 천체사진집이다. 이만한 천체사진집이 국내에서 나온 것은 이 책이 처음이다. 황인준은 이미 세계적인 천체사진가 반열에 오른 장인이다. 그런 그의 천체사진을 감상하는 여유로부터 안목을 키운다면 천체사진가로 가는 길이 훨씬 즐거워질 것이다. 천체관측은 아마추어 천문가의 핵심 활동이다. 천체관측을 위한 좀 더 기술적인 책으로는 게리 세로닉의 『천체관측 입문자를 위한 쌍안경 천체관측 가이드』(박성래 옮김, 들메나무, 2016)를 추천한다. 밤하늘의 관측 대상에 대해 아주 구체적으로 설명하고 있다. 쌍안경과 망원경의 활용도를 한껏 높여줄 것이다.

천체사진에 관심이 있는 사람들을 위한 입문서로는 윤철규가 지은 『천체사진 입문자를 위한 딥스카이 사진 촬영 가이드』(들메나무, 2016)를 추천한다. 천체사진가인 저자가 직접 사진을 찍으면서 경험한 노하우가 담긴 책이다. 별의 일주운동 촬영부터 달이나 행성 촬영은 물론이고 어두운 천체를 촬영하는 딥스카이 촬영까지 구체적인 경험을 바탕으로 설명하고 있다. 촬영 장비에 대한 소개도 빼놓지 않는다. 사진을 촬영한 후 이미지를 다루는 법도 실려 있어서 천체사진 입문자들에게는 좋은 안내서가 될 것이다.

이 정도 책들이면 별에 다가가려는 사람들에게는 첫 경험으로서 부족함이 없어 보인다. 하지만 다양한 아마추어 천문가들의 활동 영역을 생각해보면 참고할 만한 책들이 너무 부족하다는 생각도 든다. 조금 더 깊이 조금 더 자세히 어느 한 분야를 살펴보려고 하면 마땅한 책을 찾기 힘들다. 이 글에서 권하는 책들이 별을 향해 한 걸음 내딛는 사람들에게 도움이 되길 바라는 마음 한편에 빈 책들의 그림자가 드리우는 안타까움을 떨칠 수가 없다. 더 많은 책이 출간되어서 더 풍성한 아마추어 천문가들의 활동으로 이어졌으면 좋겠다.

사이비 과학에
대처하는 책

문재인 행정부가 들어서면서 많은 분야에서 상식이 회복되고 있다는 평가를 받고 있다. 정치적인 견해가 다르다고 하더라도 상식이 회복되고 있는 큰 흐름에는 찬성하고 있다는 것이 문 대통령의 지지율에서도 나타나고 있다. 그런데 과학기술 분야로 오면 이야기가 달라진다. 문재인 행정부의 연이은 헛발질은 분노를 넘어서 허망하기까지 하다. 이제 큰 고비를 넘어섰지만 여전히 그들의 과학과 기술에 대한 인식에는 의심을 품지 않을 수 없다. 창조과학과 지적설계론에 빠져 있는 박성진 교수를 중소벤처기업부 장관 후보자로 지명한 것은 정말 어이가 없는 일이었다. 현대과학과 그 결과로 나타난 성과를 부정하는 사람을 버젓이 한 국가의 장관에 임명하겠다는 발상은 상식적인 수준에서는 이해하기도 힘들고 용납하기도 힘들다.

더구나 박성진 후보자는 창조과학과 지적설계론을 부르짖는 사이비 단체에서 이사로 활동하던 사람이 아닌가. 박 후보자가 사퇴하는 것으로 사건은 마무리되었다. 하지만 그 사퇴의 주된 이유는 박 후보자가 보인 뉴라이트 사관을 현 정부에서 받아들이기 어렵다는 데 있었다는 것이 또 다른 문제다. 창조과학과 지적설계론 문제가 불거져 나왔을 때 미온적이던 정부와 여당 쪽에서 박성진 후보자의 왜곡된 뉴라이트 사관 문제에 대해서는 예민한 반응을 보였다. 이것이 빌미가 되어서 다른 여러 의혹과 맞물려서 박 후보자가 사퇴했다고 보는 것이 맞는 이야기일 것이다. 박 후보자가 신봉하는 창조론과 지적설계론 문제는 그야말로 논쟁의 제단에도 오르지 못하는 것처럼 보였다.

일부 종교는 여전히 과학이라는 탈을 쓰고 연명해보려고 애를 쓰고 있다. 뜻 있는 개신교 진영에서는 창조과학과 지적설계론과의 거리를 유지하려고 노력하고 있다는 것을 안다. 사실 기독교 진영 내에서 자체적으로 노력을 해서 사이비 과학인 창조과학과 지적설계론을 없애는 것이 최상의 시나리오다. 하지만 이런 일은 아마 결코 성공하지 못할 것이다. 권력과 종교라는 속성의 문제이기 때문이다. 박 후보자의 사퇴로 문제는 수면 아래로 가라앉았지만, 우리 사회가 얼마나 사이비 과학에 취약한지를 다시 확인하는 계기가 되었다. 과학자들은 창조론이나 지적설계론뿐 아니라 종교 자체에 대해서도 별로 관심이 없다. 이들이 현실 정치와 사회에 영향을 미치려 하거나 과학의 탈을 쓰려는 야욕을 부리기 전까지는 말이다.

박성진 후보자 문제가 터졌을 때 많은 과학기술 단체들이 침묵했던 것은 아쉬웠다. 심지어는 치욕적으로 느끼기도 했다. 박기영 과학기술혁신본부장 임명 때는 확실하게 반대 입장을 표명했던 '변화를 꿈꾸는 과학기술인 네트워크ᴱˢᶜ'에서조차도 박성진 후보자에 대한 입장 표명에서는 의견이 갈렸던 것을 기억한다. 과학기술과 직접적인 관련이 있는 후보자와 관련성이 다소 거리가 있는 후보자이기 때문에 체감도가 달랐을지도 모른다. 박성진 후보자에 대한 정부 여당의 무지는 그렇다고 치더라도 과학기술인들이 보인 태도는 무척 실망스러웠다. 우리나라 사회 전반에 깔린 어리석은 미혹이 이번 사건을 계기로 그 민낯을 드러낸 것이라고 생각한다.

이럴 때 생각나는 책이 존 브록만이 기획하고 리처드 도킨스 등이 쓴 『왜 종교는 과학이 되려 하는가』(김명주 옮김, 바다출판사, 2017)다. 레너드 서스킨드, 리 스몰린, 리사 랜들같이 과학을 좋아하는 일반인들에게도 익숙한 과학자들이 필자로 참여했다. 리처드 도킨스를 시작으로 대니얼 데닛, 스티븐 핑커같이 평소에 이성 회복을 외치던 학자들도 참여했다. 창조과학과 지적설계론의 허구를 파헤치고 이성적이고 상식적인 사고방식을 강조한 책이다.

이 책을 처음 접했을 때 나는 오죽하면 과학자들이 모여서 이런 책을 썼을까 하는 자괴감과 함께 연민의 마음마저 들었다. 『왜 종교는 과학이 되려 하는가』는 박성진 사태로 드러난 미혹에 휩싸인 대한민국 사회에 꼭 필요한 책이다. 과학자들이 현장으로 뛰쳐나와서 목소리를 높였다는 것도 중요하지만 사이비 과학이 판을 치고 있는 세상에 대해서 이들이 어떤 인식을 갖고 있고 어떻게 대처하려고 하는지 엿볼 수 있는 기회를 준다.

✦ 급한 불을 끄게 해주는 매뉴얼들

우리나라 사회는 좀 비약하지면 이성이 마비되고 상식이 무너진 시대를 겪으면서 비이성적이고 비상식적인 것에 침묵하고 받아들이는 행위가 내재화되어 버린 것 같다. 2016년 가을부터 시작된 촛불혁명을 통해서 이제 겨우 이성과 상식을 회복할 수 있는 배경 하나를 만들었다. 이런 상황에서 우선 박성진 사태 같은 일에 대해서 어떻게 대처해야 할지에 대한 매뉴얼이 필요하다. 『왜 종교는 과학이 되려 하는가』는 일단 급한 불을 끌 수 있게 해주는 매뉴얼이다.

창조과학과 지적설계론만 문제가 되는 것은 아니다. 그보다 훨씬 넓게 퍼져 있는 사이비 과학이 더 근원적인 문제다. 이들 대부분은 인간 본성의 약한 틈을 노리고 스며들어서 인간의 삶을 참담하게 파괴하는 경향이 있다. 천문학 강연을 하다 보면 사람들이 공통적으로 많이 하는 질문이 있다. 아직도 아폴로11호 달 착륙 조작설이 많은 사람들의 입을 통해서 나온다. 그러면 나는 앵무새처럼 아주 간단한 상식만을 동원해서, 조작설 같은 음모론이 얼마나 허망한 생각인지 이야기해준다. 내게 몇 분만 시간을 주면 자세한 설명을 할 수 있다.

로즈웰 사건이나 UFO, 미스터리 서클 같은 것이 여전히 단골 질문 메뉴다. 나는 가능한 한 친절하게 상식적인 수준에서 답을 하지만 늘 자괴감에 빠진다. 차라리 이런 것들에 대한 답을 매뉴얼로 만들어서 나눠줄까 하는 생각을 하기도 했다. 『왜 종교는 과학이 되려 하는가』를 쓴 과학자들의 심정이 바로 그런 것이었을 것이다.

정말 매뉴얼을 만들 기세를 부리고 있을 때 좋은 책을 한 권 발견했다. 대릴 커닝엄이 그리고 쓴 『과학 이야기』(권예리 옮김, 이숲, 2013)가 바로 그 책이다. 이 만화책은 음모론자들이 흔히 예로 드는 사건들에 대한 상식적인 답을 한다. 전기충격요법에 대한 진실과 거짓으로부터 동종요법 같은 것에 이르기까지 사람들을 혹하게 했던 과학적 사기극에 대한 이야기가 담겨 있다. 기후변화나 진화론에 대해서 사람들이 갖고 있는 오해와 무지에 대해서도 올바른 모범답안을 제시하며, 음모론자들의 성지 같은 달 착륙 조작사건에 대해서도 명쾌한 상식적 답을 내놓고 있다. 이 작은 책에 모든 것이 담겨 있는 것은 아니다. 하지만 만화라는 매체가 갖고 있는 친화력은 어처구니없고 다소 불편한 주제일 수 있는 사이비 과학과 과학의 사기극에 대한 사람들의 진입장벽을 낮추는 데 한몫을 하고 있는 것 같다.

『과학 이야기』는 흥미로운 서사가 있는 만화는 아니지만 차분하게 상식을 바탕으로 이야기를 끌어간다. 음모론과 사이비 과학에 맞서는 올바른 태도를 보여주고 있는 듯하다. 달 착륙 조작설에 대해서 답변을 한 후 이 책을 읽어보라고 권하곤 한다. 사이비 과학과 음모론에 빠져 있는 사람들이 꼭 봤으면 하는 책이다. 그런 사람들을 지인으로 두고 있어서 고민이 많은 사람들에게도 어울릴 만한 책이다. 제한된 분량이고 만화라는 형식을 빌었기 때문에 깊이 있게 하나하나 다져 들어갈 여력을 갖추지는 못했지만 상식선에서 명확하게 이야기를 한다는 장점을 갖고 있다. 이 책의 내용을 미혹에 빠져 있는 지인들에게 이야기해주면 좋을 것 같다. 책을 선물해도 좋겠다. 물론 그들은 여전히 이 책을 거들떠보지도 않고 잘못된 확신 속에 갇혀 있을 가능성이 크지만 말이다.

⚛ 사이비와 비상식이 들끓는 세상의 등불들

종교를 비롯해서 창조론과 지적설계론 또는 여러 음모론을 신봉하는 사람들이 공유하는 하나의 특징은 확신이다. 자신이 믿는 것에 대한 확고한 믿음이 항상 문제인 것이다. 『왜 종교는 과학이 되려 하는가』와 『과학 이야기』가 급한 불을 끄는 매뉴얼이라면 마이클 셔머가 지은 『왜 사람들은 이상한 것을 믿는가』(류운 옮김, 바다출판사, 2007)는 그들이 갖고 있는, 어쩌면 우리들 마음속에도 각인되어 있는 믿음의 엔진에 대한 이야기를 하고 있다. 이 책은 제목처럼 사람들이 왜 상식적으로는 받아들일 수 없는 가상의 허구에 몰입하고 추종하는지에 대한 과학적 해석을 들려준다. 이성적인 판단을 통한 사고로는 이해할 수 없는 맹신의 근원이 무엇인지 알려주는 책이다. 앞에서 소개한 두 권의 책에서 다루는 주제를 포함해서 보다 광범위한 내용을 다루고 있다.

이 책을 쓴 마이클 셔머는 이성 회복 운동을 기치로 한 과학저널 〈스켑틱〉의 발행인이기도 하다. 『왜 사람들은 이상한 것을 믿는가』는 회의론에 대한 이야기로부터 시작한다. 과학적 사고방식의 핵심은 의심하는 것이다. 회의론은 과학자들이 사고하는 틀이기도 하고 무기이기도 하다. 이 책의 첫 장을 '회의주의자 선언'으로 시작하는 것이 던지는 시사점은 의외로 크다고 하겠다. 이성을 회복하고 상식적인 삶을 살기 위해서 자신을 먼저 회의주의자로 무장시키고 다른 사람들도 무장시키자는 선언문 같은 시작이다. 이 책을 통해서 우리는 사람들이 이상한 것에 쉽게 넘어가서 맹신하는 근원적인 원인에 대한 과학적 설명을 만날 수 있다. 이유를 알아야 올바르게 행동할 수 있다.

이를 바탕으로 사이비 과학의 숱한 예를 거론하면서 하나하나 설명해나가는 것이 이 책의 미덕이다. 『왜 사람들은 이상한 것을 믿는가』는 사이비 과학과 비이성을 대하는 이론적 기반을 다지게 해주는 책이다. 맹신에 빠진 사람들에 대해서 알아야 올바른 대처를 할 수 있을 것이다. 확신에 가득 차서 맹목적인 믿음에 빠진 사람들이 차분하게 이 책을 읽었으면 하는 바람이다. 하지만 이런 일은 사실 결코 일어나지 않을지도 모른다. 가끔씩 진짜 이 책이 필요한 사람들은 정작 절대 이런 책에 관심을 두지 않을 것 같다는 불길하지만 사실일 가능성이 매우 높은 예감이 든다. 설사 이 책을 읽는다 치더라도 오독하고 여전히 무지의 바다를 헤매고 있을 것이다. 『왜 사람들은 이상한 것을 믿는가』를 읽지 않아도 세상을 잘 살아나갈 사람들이 아마도 이 책의 주된 독자일 가능성이 크다. 이런 회의적인 생각에도 불구하고 이 책을 세상에 더 알리는 것이 우리가 해야 할 작은 책무라는 생각이 든다. 이번에 소개한 세 권의 책은 각종 사이비와 비상식이 들끓는 세상에 등불 같은 책이다. 나라도 먼저 그 등불을 밝혀보자. 언젠가는 등불이 들불이 될 것이다.

칼 세이건이
한국 청년이라면

『코스모스』로 유명한 천문학자 칼 세이건이 2018년을 살아가고 있는 한국의 청년이라면 어떤 책을 읽고 있을까. 가끔은 다른 사람의 시선으로 자신의 세계를 바라보는 것이 유용할 때가 있다. '칼 세이건이 한국 청년이라면'이라는 가정을 좀 더 현실적인 전제로 만들자면 칼 세이건이 청년 시절 관심을 가졌던 책이나 문화 활동에 대해서 알아보는 것이 순서일 것이다.

　칼 세이건에 대한 여러 평전 중에서 『칼 세이건』(윌리엄 파운드스톤 지음, 안인희 옮김, 동녘사이언스, 2007)이 번역되어 있는데 아쉽게도 절판된 상태다. 『칼 세이건의 말』(칼 세이건 지음, 김명남 옮김, 마음산책, 2016)도 칼 세이건에 대해서 살펴볼 수 있는 좋은 책이다. 하지만 주로 그가 활발하게 활동하던 시기에 한 인터뷰 등을 바탕으로 역은 책이어서 청년 세이건의 모습을 파악하는 데 큰 도움이 되지 못한다.

⚛️
지독한
과학책 탐독가

『칼 세이건』에서 세이건의 고등학교와 대학교 시절의 독서 및 문화 활동의 모습을 어느 정도 찾아볼 수 있다. "세이건이 고등학교 시절에 배운 것들은 그 자신의 독서에서 얻은 것이다"라는 문장에서도 알 수 있듯이 세이건에게 '독서'란 지적 욕구를 충족시키는 통로이자 수단이었던 것 같다. 세이건은 SF잡지인 〈어스타운딩 사이언스 픽션Astounding Science Fiction〉을 구독했다고 한다. 한번은 이 잡지에 실린 광고를 보고 아서 클라크가 지은 『성간 비행Interplanetary Flight』를 주문해놓고는 초조하게 이 책이 오기만을 기다렸다고 한다. 세이건은 이런 책들을 읽으면서 자신이 우주 공간을 배경으로 우주여행을 다니는 상상과 모험의 세계를 만끽하면서 고등학교 시절을 보냈을 것이다. 청년 세이건은 이 책이 자신의 인생의 '전환점'이 될 것으로 믿었다고 한다. 우주탐사에 대한 세이건의 꿈은 아마 이 책을 통해서 싹이 텄을 것이다.

세이건은 클라크의 책에 자극을 받아서 당시 인기를 얻고 있던 영국의 과학자들이 쓴 과학책들을 탐독했다고 한다. 『칼 세이건』에 따르면 세이건은 아서 에딩턴, 제임스 진스, J.B.S. 홀데인, 줄리언 헉슬리 같은 과학자들에게 흠뻑 빠져 있었던 것 같다. 세이건은 '이들의 작품을 모조리 읽고' 난 후 조지 가모브, 윌리 레이, 레이첼 카슨, 사이먼 뉴컴 같은 미국인 과학저술가들의 책도 섭렵한 것 같다. 뉴컴이 지은 『모두를 위한 천문학Astronomy for Everybody』도 세이건을 자극한 책이었다. 세이건은 이 책을 통해서 '화성에는 생명체가 있는 것으로 보인다. 몇 년 전까지만 해도 이런 진술은 보통 공상이라고 생각되었지만 지금은 대체로 받아들여진다'라는 생각을 받아들인 것 같다. 화성에서는 아직 생명체가 발견되지 않고 있지만 뉴컴의 책에 서술된 내용은 지금도 여전히 유효한 현재진행형 진술이다. 과학에 대한 세이건의 열망이 이 소년으로 하여금 SF소설과 교양과학서를 읽게 했을 것이다.

독서가 거듭되면서 세이건은 자신의 욕망이 채우는 현실 속 과학 지망생으로 성장해갔을 것이다. 세이건은 과학실험에도 관심을 보였었다. 한번은 선물로 받은 화학실험 세트를 갖고 실험을 하다가 폭발하면서 집안이 난장판이 된 적이 있었다. 같이 실험을 하던 세이건 어머니의 친구의 딸도 간신히 부상을 면했다. 그런데도 세이건의 어머니는 "과학자들이 실험을 하다 보면 이런 일이 일어나는 법이지" 하면서 화조차 내지 않고 그냥 넘어갔다고 한다. 세이건이 일생을 통해서 보여준 포용력은 어쩌면 이런 어머니의 태도에서 기인한 것일 수도 있겠다. 세이건은 일찌감치 천문학자가 되기로 결심을 했다고 한다. 결정적인 계기가 된 것은 수업 시간에 선생님으로부터 하버드대학교의 할로 섀플리 같은 유명한 천문학자들은 오로지 천문학자라는 것만으로 보수를 받는다는 말을 들었기 때문이다. 세이건은 이 말에 용기를 얻고 천문학자가 되겠다는 결심을 다시 한번 확인했다고 한다.

세이건이 과학에만 관심이 있었던 것은 아니다. 세이건은 문학과 연극에도 관심이 많은 문학청년이기도 했다. 〈The Hangs High〉라는 연극에 배우로 서기도 했고, 수필 경시대회에 나가기도 했다. '콜럼버스'를 주제로 선택해서 '인류가 기술적으로 앞선 외계 생명체와 접촉하는 것이 유럽 사람들이 아메리카 원주민과 접촉하는 것만큼이나 재앙이 되는 일일지'를 다룬 글을 써서 에세이 경시대회에서 1등상을 수상했다. '콜럼버스'를 다른 시각으로 다루는 당시로서는 파격적인 생각을 표출한 글이었다. 심사위원들 사이에서 논쟁이 있었지만 세이건의 글 자체가 워낙 훌륭해서 상을 받는 데는 문제가 없었다. 세상을 더 넓게 더 깊게 그리고 역지사지의 마음으로 살피는 세이건의 태도가 이미 이 글 속에 나타나고 있는 것 같다. 월반에 월반을 거듭한 세이건은 16살에 고등학교를 졸업하게 되었다. 졸업식에서도 학생 대표로 연설을 하게 되어 있었다. 하지만 수필 경시대회에서 '콜럼버스'를 주제로 쓴 글이 문제가 돼서 그 기회를 박탈당하고 말았다. 세이건의 인생 역정을 예고하는 것 같은 에피소드다.

세이건은 고등학교를 조기 졸업하고 여키스 천문대가 있고 천문학 전통이 강한 시카고대학교로 진학을 했다. 세이건은 천문학자 지망생이었던 친구 코비아스 오언과 함께 천문학 클럽을 만들었다. SF소설 클럽에도 가입을 해서 활동했다. 고등학교 시절 했던 활동들을 이어가고 있었던 것이다. 한편 시카고대학교에서 진행하고 있던 '위대한 책들'이라는 독서 프로그램에 따라 충실하게 독서를 하면서 세이건의 관심 영역은 그리스 희곡, 건축, 프로이트, 음악, 인류학, 러시아소설 등으로 넓어져갔다.

세이건과 함께
이 땅의 청년들을 생각하다

세이건이 어떤 청년이었는지 『칼 세이건』에 기술된 이야기를 중심으로 살펴봤다. 이런 세이건이 현재 한국에서 살고 있다면 어떤 책들을 읽을까. 물론 대학입학시험이라는 거역할 수 없는 현실의 벽 앞에서 모든 것이 무력화되는 현실 속에 고립된 한국의 고등학생들에게는 이런 질문 자체가 사치일 수 있을 것이다. 그래도 꿈꾸는 청년 세이건이라면 어떤 책들을 읽을까, 라는 상상 자체가 이런 힘든 상황에 놓인 한국의 청년들에게 작은 돌파구가 될 수도 있을 것 같다. 아니, 꼭 그랬으면 좋겠다.

먼저 두 편의 SF소설을 떠올려봤다. 배명훈이 지은 『첫숨』(문학과지성사, 2015)과 류츠신이 지은 『삼체』(이현아 옮김, 고호관 감수, 단숨,

2013)가 바로 그 책들이다. 아서 클라크의 SF소설에 매료되었던 세이건이 한국의 청년이라면 한국을 대표하는 SF 작가 중 한 명인 배명훈이 쓴『첫숨』에도 매료되었을 것 같다. 지구 근처에 건설된 거대한 우주도시를 배경으로 펼쳐지는 이야기는 세이건의 상상력을 자극하고도 남을 것이다. 류츠신은 대중적으로 가장 잘 알려진 중국 SF 작가다.『삼체』는 외계문명 이야기가 치밀하게 펼쳐지는 소설이다. 세이건이야말로『삼체』의 열혈 독자가 될 것이다.

세이건의 천문학에 대한 사랑을 채워줄 책으로는 우선 아마추어 천문가이자 천체사진가인 황인준이 쓴 천체사진집『별빛 방랑』이 있다. 세이건의 문학과 과학에 대한 동경을 한꺼번에 만족시킬 만한 책으로는『이명현의 별 헤는 밤』이 있다. 과학과 문학이 만난 에세이집이다. 이석영의『모든 사람을 위한 빅뱅 우주론 강의』(사이언스북스, 2017)는『모두를 위한 천문학』이 그랬던 것처럼 세이건에게 최신의 천문학 이야기를 들려줄 것이다. 고등학교 시절 세이건을 만나고 천문학자의 꿈을 꿨던 닐 타이슨이 쓴『스페이스 크로니클』(에이비스 랭 엮음, 박병철 옮김, 부키, 2016)을 청년 세이건이 읽는다면 어떨까. 세이건이 타이슨의 책을 읽고 그를 만나고 천문학자의 꿈을 꾸는 장면을 생각해보면 흐뭇하기까지 하다.

이명현, 김상욱, 강양구의『과학 수다 1』과『과학 수다 2』(이상 사이언스북스, 2015)는 현대과학 이야기를 대담 형식으로 풀어낸 책이다. 현재 이슈가 되고 있는 과학 쟁점을 친절하게 설명한다. 현대과학 소식에 목말라 있을 세이건을 위한 좋은 길잡이가 될 수 있는 책이다. 천문학에만 머물지 않았던 세이건의 지적 욕구를 어느 정도 만족시킬 수 있는 안내서다. 세이건이라면 아마 이 책을 읽은 후 책 속에 언급된 과학책들을 한 권 한 권 찾아서 읽을 것 같다. 그런 칼 세이건의 지적 행보를 도와줄 만한 책이 『과학은 그 책을 고전이라 한다』(강양구 외 지음, 사이언스북스, 2017)이다. 세이건이라면 반드시 참고했을 책이기 때문이다. 고전이라고 할 만하면서도 가독성이 있는 과학책을 선정해서 서평을 덧붙인 책이다.

세이건이 한국의 청년이라면 『과학은 그 책을 고전이라 한다』에서 소개하고 있는 50권의 책을 모두 섭렵했을 것 같다. 그런 후 다시 이 50권을 바탕으로 가지를 쳐서 관련된 책들을 읽어나갔을 것이다. 이는 과학책을 섭렵하는 한 가지 방법이 될 것이다. 우리나라의 청년들도 가상의 청년 세이건에 빙의해서 이렇게 과학책을 읽어보는 호기를 좀 부려보면 어떨까.

화학실험 세트를 사서 실험에 골몰하던 세이건의 모습이 눈에 선하다. 동아시아 출판사에서 부정기적으로 나오는 〈메이커스〉라는 잡지도 세이건의 눈길을 끌 것 같다. 천체투영기나 이안렌즈카메라 같은 것을 직접 만들어볼 수 있도록 설계된 것이 바로 이 잡지다. 손으로 직접 만들어보는 것만큼 과학을 실감 나게 하는 것은 없다. 청년 세이건이 매료될 만한 잡지다.

과학 이외에도 세이건의 관심의 영역은 그 범위를 가늠할 수 없을 만큼 넓다. 이 글에서는 청년 세이건이 오늘날 한국에 있다면 관심을 갖고 읽을 만한 책들에 대해서 이야기하고 있지만 분야를 넓히면 훨씬 더 폭이 넓은 독서 목록이 만들어질 것이다.

독서 목록을 확대할 때 제일 첫 줄에 놓였으면 하는 책은 『체호프 희곡선』(박현섭 옮김, 을유문화사, 2012)이다. 고등학교 시절 세이건 자신이 연극배우로 직접 무대에 선 경험이 있어서 이 책을 내세웠다. 안톤 체호프의 희곡 속에는 세대를 넘어서는 인간에 대한 연민이 녹아 있다. 바로 세이건의 세상을 보는 시선이기도 하다.

'칼 세이건이 한국의 청년이라면 어떤 책을 읽을까' 하는 질문으로 몇 권의 책을 소개했다. 사실은 지금 이 땅에 살고 있는 청년들에게 권하고 싶은 책들이다. 세이건의 청년기를 빌려와서 이야기한 것은 각박한 현실이지만 세이건처럼 꿈꾸고 실천하는 청년이 되었으면 하는 바람에서다.

책은 꿈을 꾸기에 좋은 도구다. 좋은 꿈을 꾸는 데 어울리는 도구다. 책을 읽자. 꿈을 꾸자.

천문학에
더 다가가고 싶다면

교양 과학책을 읽다 보면 어느 순간 더 이상 나아가지 못하고 큰 벽 앞에 막힌 것처럼 느껴질 때가 있을 것이다. 비슷한 수준의 교양 과학책을 여러 권 읽은 후 그다음 단계에 대한 갈망은 강한데 어떻게 해야 할지 잘 모를 때가 그런 순간일 수 있다.

최근 몇 년 동안 교양 천문학 분야에서는 좋은 번역서뿐 아니라 국내 과학자들과 작가들이 쓴 좋은 천문학책들이 여럿 출간되었다. 대부분은 일반 대중을 대상으로 가능한 한 일상의 언어로 친절하고 쉽게 쓰려는 의도와 노력을 기울여 만든 책들이다. 주제를 좁혀서 깊이 들어간 책들도 간혹 있고 각자의 개성을 바탕으로 하면서 독특한 방식으로 이야기를 전개하는 책들도 있긴 하지만 그 내용의 깊이나 수준은 엇비슷한 경우가 많다.

교양 천문학책들을 많이 읽은 독자들은 그다음 수준의 책들을 만나고 싶을 것이다. 최근 들어서 몇몇 분야에서는 이런 욕구를 충족시키는 천문학 교양서가 몇 권 출간되기는 했지만 여전히 역부족인 것처럼 보인다. 더 다양한 주제와 더 다양한 수준의 교양 천문학 책들이 나와야 한다고 생각한다.

⚛
ASTRO-101의
교재들

어느 정도 교양 천문학 책들을 섭렵한 독자에게 권하고 싶은 책읽기 루트가 하나 있다. 교과서를 읽는 것이 그 핵심이다. 과학을 전공하지 않는 대학교 1학년을 위한 천문학 교과서를 소개하려고 한다. 미국에서는 보통 'ASTRO-101'이라는 제목의 천문학 강의가 개설된다. 비과학 전공 1학년 대학생을 위한 교양 강좌인 경우가 대부분이다. 규모가 큰 명문대학교로부터 2년제 커뮤니티 칼리지까지 이런 천문학 교양 강좌가 광범위하게 개설되어 있다.

따라서 이런 수업에서 교재로 사용하는 천문학 교과서의 종류도 다양하다. 비과학 전공생을 위한 수업의 교재이니만큼 수학을 최소화한 것이 이런 교과서들의 특징이다. 수식을 사용하더라도 아주 기초적인 경우에 한정한다. 교과서들마다 강조하는 분야의 특색이 있지만 천문학 전반을 아우르다 보니 그 목차를 보면 사실 큰 차이가 없다. 우주생물학을 교과서에 싣는 것은 한동안 몇몇 교과서의 특징이었지만, 최근에는 시류를 반영하듯 우주생물학이 거의 모든 교과서에 독립된 장으로 실리고 있다.

이런 천문학 교과서가 갖는 미덕은 여러 가지가 있다. 일반인을 위해서 쓴 교양 천문학 책들은 아무래도 일반인들의 관심을 더 많이 받고 있는 우주론이나 블랙홀 같은 특정 분야에 그 내용이 치우치기 마련이다. 천문학 교과서는 전 분야에 걸쳐서 골고루 다루기 때문에 천문학 연구의 스펙트럼을 균형 있게 살펴볼 수 있다는 장점이 있다.

목차를 살펴보는 것만으로도 전통적인 천문학의 분야를 균형감 있게 가늠해볼 수 있을 것이다. 교과서는 요즘 유행하는 스토리텔링에 집착하기보다는 보통 담담한 어투를 유지한다. 비유나 이야기에 얹어서 정보를 전달하기보다는 과학적인 방식 본연의 모습을 유지하면서 조금은 더 직접적으로 정보를 전달하려고 노력하기 마련이다.

책읽기 자체의 재미는 당연히 조금 떨어질 것이다. 하지만 이 지점이야말로 교과서가 갖는 최고의 미덕이 나타나는 부분이라고 할 수 있다. 다소 무미건조한 것 같지만 담백한 교과서 서술의 멋을 맛볼 수 있을 것이다. 교양 천문학책의 친절하고 화려한 장식에 묻혀서 숨어 있던 담담하고 담백한 문장을 교과서에서는 만날 수 있다. 지식도 마찬가지다. 보통 수식을 잘 사용하지 않기는 하지만 천문학

자체로 천문학을 설명하는 거침없는 방식은 조금만 익숙해지면 그 자체로도 멋진 경험이 될 것이다.

교양 천문학 책을 많이 접한 독자들에게 대학교 1학년용 천문학 교과서를 읽어보길 권한다. 오히려 처음 교양 천문학 책을 만나려는 독자의 첫 책이 교과서였으면 하는 마음도 있다. 여러 경험을 한 후 차분하게 교과서를 읽으며 정리하는 것도 좋지만 처음부터 균형 감각을 기르고 다양한 교양 천문학책의 세계로 나아가는 것도 괜찮다는 생각이다.

국내에 번역된 교과서가 몇 종류 있는데 나온 지 오래된 것을 빼고 나면 유용하게 읽을 수 있는 교과서가 별로 많지는 않다. 두 권의 교과서가 눈에 들어온다. 에릭 체이슨과 스티브 맥밀런이 쓴『천문학』(김희수 외 옮김, 시그마프레스, 2016)은 전형적인 'ASTRO-101' 천문학 교과서다. 천문학 연구와 교육 현장에서 활동하고 있는 천문학자들이 나누어서 번역했다.

제프리 베넷 등이 지은『우주의 본질』(김용기 외 옮김, 시그마프레스, 2015)도 비슷한 책이다. 이 두 권의 교과서가 그나마 최근에 번역이 되었고 급변하는 천문학적 발견을 아직은 그런대로 담아내고 있다. 그동안 읽었던 교양 천문학책들의 내용을 떠올리면서 이 두 권의 책 중 한 권을 읽어보면 천문학 전반을 균형 있게 살펴보는 혜안이 생길 것이다. 직접적인 설명이 갖는 간결함에 대해서도 좋은 경험을 할 것이다. 앞서 말한 것처럼 첫 교양 천문학책으로 읽는 것도 추천한다. 두 책 중 어느 책을 골라도 좋다. 좀 더 욕심을 낸다면 두 권 모두 읽어보고 그 소소한 차이를 즐겨보라고 권하고 싶다. 특히 다른 사람에게 천문학 이야기를 들려줄 위치에 있는 교사나 작가라면 친절한 교양 천문학책을 읽기 전에 교과서를 먼저 만났으면 하는 바람을 가져본다. 후회하지 않을 것이다.

과학을 전공하지 않는 대학교 1학년 학생들을 위한 교과서를 읽었다면 내친김에 천문학과 1학년용(또는 학교에 따라서는 2학년) 교과서에 도전해보라고 권하고 싶다. 천문학 전공자를 위한 일반천문학 교과서는 'ASTRO-101' 교과서에서 말로 풀어쓴 내용을 거의 모두 기초적인 수학을 사용해서 풀어내고 있다. 천문학의 진면목에 한걸음 더 접근할 수 있는 좋은 기회가 될 것이다. 수식으로 본질에 접근하는 연습을 하고 나면 일상적인 용어로 설명을 할 때 훨씬 더 유연해질 수 있다. 일상적인 용어로 쓰인 교양 천문학책을 읽을 때도 이야기하고자 하는 본질에 훨씬 더 잘 접근할 수 있을 것이다.

그런데 안타깝게도 마땅히 권할 만한 책이 없다. 번역된 책이 몇 권 있기는 하지만 너무 오래되어서 최근의 천문학적인 발전을 담기에는 이미 너무 낡은 책이 되어버렸다. 아마도 수요가 없어서겠지만 최신 버전의 번역이 한참 전에 중단된 상태다.

영문으로 된 원서를 읽을 수 있는 사람이라면 널리 쓰이고 있는 마이클 제일릭과 스티븐 그레고리가 지은 『천문학 및 천체물리학 입문Introductory Astronomy and Astrophysics』 같은 책을 권한다. 그러나 이 책의 오래된 번역판은 그마저도 절판 상태에 있다. 현실적으로 천문학 전공 1학년생들이 배우는 한글로 된 '일반천문학' 교과서를 일반인들이 만나는 것은 당분간, 어쩌면 계속 어려울 것만 같다.

천문학 교과서 느낌을 맛볼 수 있는 교양서들

일반 천문학 교과서의 느낌을 맛볼 수 있는 교양 천문학책 두 권이 최근에 나왔다. 이 두 권의 책들은 교양 과학책이라고 분류되어 있지만 내가 보기에는 오히려 천문학 전공 학생들을 위한 부교재나 교사들을 위한 교재로 분류하는 것이 더 나을 것 같다는 생각이다. 우선 이 두 권의 책의 저자들은 천문학적 설명을 필요로 할 때 수식을 우회하지 않고 직접 다루고 있다. 오히려 수학적인 접근이 갖는 미덕을 한껏 강조하려는 강한 의지를 나타내고 있다. 수식을 사용한 한글로 된 일반천문학 교과서가 부재한 상황에서 이 두 권의 책이 당분간 일반 천문학책이 갖는 위치를 대신할 수도 있겠다는 생각이 든다.

먼저 안상현이 쓴 『우주의 측량』(동아시아, 2017)을 읽어보길 권한다. 이 책은 고대로부터 현대에 이르기까지 우주의 특성을 정량적으로 측량하기 위해서 어떻게 해왔는지를 서술하고 있다. 실제 우주를 측량하는 방법을 수학적으로 기술하고 있다. 그런 면에서 일반천문학 교과서의 방식을 따르고 있다고 할 것이다. 우주 자체와 그 구성원 전반에 대한 측정과 측량 문제를 다루고 있기 때문에 이 책이 포괄하는 내용의 범위도 그만큼 넓다. 한글로 된 일반천문학 교과서가 없는 상황에서 좋은 대안이 될 것이다. 더구나 연습문제도 있다! 원래 교과서가 아닌 일반인들을 대상으로 쓴 책이기 때문에 교양 천문학책의 미덕이라고 할 수 있는 친절한 설명이 있음은 물론이다.

하지만 저자는 수식을 포기하지 않고 정공법으로 다루고 있다. 그런 면에서 『우주의 측량』은 교과서와 교양서의 경계에 있는 책이라고도 할 수 있겠다. 어쨌든 당분간 일반천문학의 대역을 맡아야만 할 운명을 지닌 책이다. 'ASTRO-101' 교과서를 섭렵했다면 다음 단계의 도전은 『우주의 측량』으로 시작하면 좋을 것이다. 교양 천문학책에서 정성적으로 일상의 용어로 표현된 것들이 실제로 어떤 과정을 통해서 확립되었는지를 하나하나 확인해볼 수 있는 책이다. 한 줄로 진술된 결론 뒤에 가려져 있는 숱한 이야기를 맛볼 수 있다.

일반인들이 가장 큰 관심을 갖고 있는 천문학 분야는 아마 우주론일 것이다. 우주가 팽창하고 있다는 진술은 현대우주론의 패러다임이자 시대의 진실이다. 과연 우주가 팽창한다는 것이 무엇인지 자주 등장하는 풍선의 비유가 아닌 정공법으로 그 실체를 이해하고 싶다면 김항배가 지은 『우주, 시공간과 물질』(컬처룩, 2017)을 읽어보라고 추천한다. 이 책도 『우주의 측량』과 마찬가지로 교양 과학책으로 세상에 나왔지만 교양과 전공의 경계에 있는 책이다. 현대우주론을 이해하기 위해서 필요한 양자역학과 상대성이론을 모두 기초적인 수식을 사용해서 다룬다는 면에서는 교과서에 가까운 책이다. 하지만 이 책의 두께만큼 내용에 대한 설명도 친절하게 하고 있다.

『우주의 측량』을 읽고 어느 정도 재미를 느꼈다면『우주, 시공간과 물질』로 넘어가라고 권하고 싶다. 현대우주론의 거의 모든 화두를 다루고 있는 만큼 천문학이나 물리학 전공자들에게도 만만한 책은 아니다. 하지만 교양 천문학 책이 미처 다가가지 못한 부분으로 학구열이 불타는 독자들을 이끌어줄 아주 유용한 안내서다. 우주론 교과서보다는 여전히 친절하다. 일반인을 염두에 두고 쓴 책이기 때문이다. 수식의 벽을 넘어서 천문학의 진짜 재미를 느끼고 싶은 독자들의 도전을 기다리고 있는 책이다. 개인적으로는 교사들이나 교양 천문학 강연을 하는 강사들이 정독했으면 한다. 수학적으로 이해하고 일산의 언어로 그것을 풀어낸다면 훨씬 더 멋진 강의를 할 수 있을 것이다.『우주의 측량』이나『우주, 시공간과 물질』은 분명히 일반인들에게 벅찬 책일 것이다. 하지만 도전하고 싶은 독자들 앞에 도전할 만한 책으로 나타났다는 것만으로도 이 두 책의 가치가 있다고 하겠다.

빅 히스토리 읽기
로드맵

적어도 문화예술계에서 '빅 히스토리'는 이제 단순한 유행을 넘어서 하나의 문화 트렌드로 자리를 잡은 것 같다. 빅 히스토리를 전면에 내세우거나 부제로 달고 출간되는 책들이 부자연스러워 보이지 않는 시대가 되었다. 아마 통합적이고 융합적인 시각에서 역사든 사건이든 기술하자는 빅 히스토리의 제안이 자연스럽게 그런 욕구를 필요로 하고 있던 시대정신과 만난 덕분일 것이다. 칼 세이건의 1980년 다큐멘터리 〈코스모스〉의 시즌 2에 해당하는 2014년 〈코스모스〉가 전면에 빅 히스토리를 내세웠던 것이야말로 이 시대가 빅 히스토리를 요구한다는 것을 상징적으로 보여주는 사건이었다.

과학축전을 준비하는 주최 측으로부터 책을 읽는 작은 쉼터를 만들려고 하는데 책들을 큐레이션해줄 것을 제안받은 적이 있다. 40종 정도 규모의 과학축전 행사장 속 작은 라이브러리 같은 것이었다. 과학축전은 어린이들이 보호자들과 함께 오는 경우가 많다고 한다. 청소년들이 끼리끼리 오는 경우도 있고 단체로 관람하러 오는 경우도 많다고 한다. 책이 있는 작은 쉼터와, 왔을 때 모든 연령대의 사람들이 그곳에 준비된 책들을 살펴보면서 서로 공유하는 것이 있었으면 좋겠다는 생각을 했다. 그때 떠오른 것이 빅 히스토리였다. 잘 기획하면 그곳을 찾은 사람들이 좀 더 풍성한 시간을 보낼 수 있을 것 같았다.

일단 가독성 있는 빅 히스토리 책들을 모았다. 빅 히스토리의 창시자인 데이비드 크리스천이나 얼마 전 타계한 신시아 브라운 같은 저자들의 오래된 책들을 먼저 제외했다. 의미가 있는 책들이지만 지금은 완성도 있고 가독성 높은 책들이 많아져서 그들의 역사적 노력이 담긴 저작들은 잠시 접어둬도 될 것 같았다. 빅 히스토리를 표방하지는 않았지만 맥락이 상통하는 책들도 모아봤다. 작은 쉼터의 제목을 '과학책방 갈다가 추천하는 빅 히스토리 문고'로 잡아봤다. 부제는 '빅뱅으로부터 인간의 역사를 거쳐 미래 예측까지 통합적으로 살펴볼 수 있는 융합의 결정판'과 '온 가족이 함께 읽는 과학과 문화와 역사'로 제안을 했다. 단계별로 빅 히스토리 책들을 모은 목록은 아래와 같다. 읽을 수 있는 연령대도 제시했다. 하지만 만족할 만한 유아를 위한 빅 히스토리 책은 찾기 힘들었다. 어린이책도 드물었다. 난이도가 해당 연령대를 넘어서지만 형식적으로 친밀한 경우에는 어린이도 읽기를 권하는 차선을 택했다.

⚛ 융합의 결정판 빅 히스토리 독서 리스트

(1) 1단계: 빅 히스토리 맛보기

『빅뱅 여행을 시작해!』
김상욱 지음, 김진혁 그림, 아이들은자연이다, 2018, 유아/어린이

『빅 히스토리』
데이비드 크리스천·밥 베인 지음, 조지형 옮김, 해나무, 2013, 청소년/성인

『사피엔스』
유발 하라리 지음, 조현욱 옮김, 이태수 감수, 김영사, 2015, 청소년/성인

『호모 데우스』
유발 하라리 지음, 김명주 옮김, 김영사, 2017, 청소년/성인

『빅 히스토리』
빅 히스토리 연구소 지음, 윤신영 외 옮김, 사이언스북스, 2017, 어린이/청소년/성인

『호모 사피엔스 씨의 위험한 고민』
김복규 외 지음, 메디치미디어, 2015, 청소년/성인

(2) 2단계: 리틀 빅 히스토리 맛보기

『오리진 1: 보온』
윤태호 지음, 위즈덤하우스, 2017, 어린이/청소년/성인

『오리진 2: 에티켓』
윤태호 지음, 위즈덤하우스, 2017, 어린이/청소년/성인

『오리진 3: 화폐』
윤태호 지음, 위즈덤하우스, 2018, 어린이/청소년/성인

『거의 모든 IT의 역사』
정지훈 지음, 메디치미디어, 2010, 청소년/성인

『거의 모든 인터넷의 역사』
정지훈 지음, 메디치미디어, 2014, 청소년/성인

『밀크의 지구사』
해나 벨튼 지음, 강경이 옮김, 주영하 감수, 휴머니스트, 2012, 청소년/성인

『위스키의 지구사』
케빈 R. 코사르 지음, 조은경 옮김, 주영하 감수, 휴머니스트, 2016, 청소년/성인

『차의 지구사』
헬렌 세이버리 지음, 이지윤 옮김, 주영하 감수, 휴머니스트, 2015, 청소년/성인

『빵의 지구사』
윌리엄 루벨 지음, 이인선 옮김, 주영하 감수, 휴머니스트, 2015, 청소년/성인

『향신료의 지구사』
프레드 차라 지음, 강경이 옮김, 주영하 감수, 휴머니스트, 2014, 청소년/성인

『아이스크림의 지구사』
로라 B. 와이즈 지음, 김현희 옮김, 주영하 감수, 휴머니스트, 2013, 청소년/성인

『커리의 지구사』
콜린 테일러 지음, 강경이 옮김, 주영하 감수, 휴머니스트, 2013, 청소년/성인

『초콜릿의 지구사』
사라 모스 지음, 강수정 옮김, 주영하 감수, 휴머니스트, 2012, 청소년/성인

『치즈의 지구사』
앤드류 댈비 지음, 강경이 옮김, 주영하 감수, 휴머니스트, 2011, 청소년/성인

『피자의 지구사』
캐럴 헬스토스키 지음, 김지선 옮김, 주영하 감수, 휴머니스트, 2011, 청소년/성인

(3) 3단계: 좀 더 자세히

『빅 히스토리 1: 세상은 어떻게 시작되었을까?』
이명현 글, 정원교 그림, 와이스쿨, 2013, 청소년/성인

『빅 히스토리 2: 우주는 어떻게 생겼을까?』
박영희·김형진 글, 송동근 그림, 와이스쿨, 2014, 청소년/성인

『빅 히스토리 3: 물질을 이루는 원소는 어디서 왔을까?』
김의성·김이슬 글, 홍승우 그림, 와이스쿨, 2014, 청소년/성인

『빅 히스토리 4: 태양계를 구성하는 것은 무엇일까?』
김효진·노효진 글, 송동근 그림, 와이스쿨, 2014, 청소년/성인

『빅 히스토리 5: 지구는 어떻게 생명의 터전이 되었을까?』
김일선 글, 정원교 그림, 와이스쿨, 2014, 청소년/성인

『빅 히스토리 6: 생명이란 무엇일까?』
이용구·박자영 글, 홍승우 그림, 와이스쿨, 2015, 청소년/성인

『빅 히스토리 7: 생명은 왜 성을 진화시켰을까?』
장대익 글, 홍승우 그림, 와이스쿨, 2013, 청소년/성인

『빅 히스토리 8: 다양한 동식물은 어떻게 나타났을까?』
강방식·강현식 글, 유남영 그림, 와이스쿨, 2016, 청소년/성인

『빅 히스토리 9: 왜 영장류를 인류의 사촌이라고 할까?』
김희경·진요한 글, 홍승우 그림, 와이스쿨, 2017, 청소년/성인

『빅 히스토리 10: 최초의 인간은 누구일까?』
김유미·박소영 글, 정원교 그림, 와이스쿨, 2016, 청소년/성인

『빅 히스토리 11: 인간은 어떻게 진화했는가?』
김한승·이효근 글, 송동근 그림, 와이스쿨, 2018, 청소년/성인

『빅 히스토리 12: 농경은 인간의 삶을 어떻게 변화시켰을까?』
김서형 글, 진선규 그림, 와이스쿨, 2015, 청소년/성인

『빅 히스토리 13: 도시와 국가를 발전시킨 원동력은 무엇일까?』
유은규·이춘산 글, 최윤선 그림, 와이스쿨, 2015, 청소년/성인

『빅 히스토리 14: 제국은 어떻게 나타나고 사라지는가?』
양은영 글, 정원교 그림, 와이스쿨, 2015, 청소년/성인

『빅 히스토리 15: 세계는 어떻게 연결되었을까?』
조지형 글, 이우일 그림, 와이스쿨, 2013, 청소년/성인

『빅 히스토리 17: 인구는 왜 늘어나거나 줄어드는가?』
권기섭·최길순 글, 송동근 그림, 와이스쿨, 2017, 청소년/성인

『빅 히스토리 18: 과학과 기술은 어떻게 발전해 왔을까?』
김명철 글, 정원교 그림, 와이스쿨, 2015, 청소년/성인

『빅 히스토리 19: 산업혁명이 가져온 변화는 무엇일까?』
김일선 글, 정원교 그림, 와이스쿨, 2016, 청소년/성인

『빅 히스토리 20: 세상은 어떻게 끝이 날까?』
강방식·강현식 글, 홍승우 그림, 와이스쿨, 2017, 청소년/성인

빅 히스토리의 세계로 들어가는 가장 현실적인 가이드

1단계 '빅 히스토리 맛보기'에서 추천한 책들은 빅 히스토리의 관점에서 서술되었음을 전면에 내세우거나 그렇지 않았더라도 빅 히스토리적 서술에 충실하다고 파악한 책들이다. 1단계에서 제안한 책들은 빅 히스토리적 세계관을 경험할 수 있는 책들이다. 취향에 따라서 이들 중 한두 권을 골라서 읽으면서 빅 히스토리의 통사적인 면모를 만나보길 권한다. 어느 책을 골라도 무방하다. 어린이를 위한 책은 드물어서 선택의 폭이 넓지 않다. 『빅뱅 여행을 시작해!』가 시작점이 되어야 할 것이다. 보호자가 같이 읽어도 좋겠다. 청소년이나 성인이라면 어느 책을 선택해서 시작해도 좋겠다. 구태여 처음 시작하는 책을 추천하라면 데이비드 크리스천과 밥 베인이 지은 『빅 히스토리』를 권한다. 내용이 많지 않지만 빅 히스토리 전반에 대한 핵심적인 문제를 모두 잘 다루고 있다.

2단계에서 제안한 책들은 '리틀 빅 히스토리' 책들이라고 할 수 있다. 특정한 사물이나 주제를 갖고 과학과 역사와 문화를 오가면서 통합적으로 기술한 책들이다. 무엇이든 하나의 소재로부터 시작해서 세상의 온갖 이야기를 하는 리틀 빅 히스토리의 매력을 맛볼 수 있는 책들이다. 1단계에서 한두 권의 빅 히스토리 책을 읽었다면 리틀 빅 히스토리 관련 책들을 읽으면 빅 히스토리의 세계로 좀 더 들어갈 수 있을 것이다. 『밀크의 지구사』를 비롯한 '식탁 위의 글로벌 히스토리' 시리즈는 하나의 사물을 주제로 얼마나 많은 이야기를 할 수 있는지 보여주는 좋은 예가 되겠다. 만화가 윤태호가 내놓고 있는 '오리진 시리즈'도 리틀 빅 히스토리의 면모를 갖추고 있다. 내용이 만만치 않지만 만화라는 형식을 갖추고 있으니 호기심과 의욕이 넘치는 어린이들도 읽어볼 만하다고 생각한다. 정지훈의 『거의 모든 IT의 역사』나 『거의 모든 인터넷의 역사』는 전형적인 리틀 빅 히스토리라고 할 수는 없지만 특정한 현상이나 주제를 빅 히스토리 적으로 다루고 있다. 빅 히스토리에 익숙해진 상태에서 읽으면 훨씬 더 풍성하게 즐길 수 있을 것이다.

3단계에서 제안한 책들은 필자도 참여한 '빅 히스토리' 기획 시리즈다. 빅 히스토리의 접근 방식 중 하나인 임계국면을 정하고 그 임계국면을 중심으로 내용을 서술하는 책이다. 1단계, 2단계에서 제안한 책들을 읽은 후 개별 주제나 내용에 대해서 좀 더 깊고 자세하게 만나고 싶은 독자들을 위한 책이다. 국내 저자들이 기획하고 저술에 직접 참여한 빅 히스토리 시리즈다. 세계적으로도 이 정도 규모의 빅 히스토리 시리즈는 처음인 것으로 알고 있다. 총 스무 권으로 기획된 이 시리즈는 16권을 제외하고는 거의 출간되었다. 취향과 관심사에 따라서 선택해서 읽으면 좋겠다.

빅 히스토리는 세상을 보는 방식을 배울 수 있는 좋은 도구라 생각한다. 따라서 빅 히스토리적 관점에서 쓰인 책들은 당연히 맥락을 따라가는 서술 방식을 택하고 있다. 융합적이고 통합적인 세계관은 가르쳐서 배울 수 있는 것이라기보다는 체험과 자각과 성찰을 통해서 얻어지는 것인 것 같다. 그런 과정으로 이끌어가는 좋은 가이드가 빅 히스토리 책들이라고 하겠다. 빅 히스토리에 대한 신뢰는 사람마다 다르겠고 그 효용성에 대해서도 논란이 있다. 하지만 세상을 만나는 세계관으로 빅 히스토리가 내세우고 지향하는 바에 대해서는 거의 모든 사람들이 동의할 것이다. 만나보지 않을 이유가 없다. 이 글은 그런 빅 히스토리의 세계로 들어가는 가장 현실적인 가이드 중 하나가 될 것이다.

변화를 이끈
국내 교양 과학책

지난 몇 년 동안 국내 필자들이 쓴 좋은 교양 과학책들이 많이 출간되었다. 신문 칼럼 필자로도 과학자들이 많이 진출했다. 사실을 바탕으로 자신의 논리를 펼쳐가는 과학적 글쓰기가 대중들에게 조금씩 인지되고 익숙해지고 인정받은 덕분일 것이다.

방송에서도 심심치 않게 과학자들을 볼 수 있다. 과학을 직접 다루는 방송뿐 아니라 예능 프로그램에서도 대중적으로 유명한 과학자들을 보는 것이 낯설지 않은 세상이 되었다. 과학이 핵심교양으로 역할을 해야 하는 세상이니 자연스러운 현상일 것도 같다.

개인적으로는 과학자들이 조금 더 세속화되어도 좋다고 생각한다. 다른 생각을 가진 사람도 있겠지만, 나는 예능 프로그램이든 어디든 과학자가 달려가는 것은 과학이 문화가 되는 과정에서 바람직한 현상이라고 생각한다. 일반인들의 과학에 대한 인식이 확대되는 과정에서 많은 과학자들의 노력이 있었을 것이다. 지나고 보면 그 과정에서 변곡점이 된 지점들이 있을 것이다. 그때는 몰랐지만 나중에 눈에 띄는 경우가 대부분일 것이다. 방송에서 과학에 대한 사람들의 인식의 문턱을 (좋은 의미든 나쁜 의미든 간에) 낮추는 데 기여한 변곡점에 서 있는 과학자들을 들라면 '아폴로 박사'로 잘 알려진 조경철 박사가 먼저 떠오른다.

아직 그 정도의 대중적 임팩트는 아니지만 셀럽 대열에 들어선 정재승 교수도 떠오른다. 과학 대중화의 임계국면을 스스로 만든 사람들이라고 하겠다. 최근 들어서 대중적인 인기와 관심을 얻고 있는 과학자들이 점점 늘어나고 있다. 종편을 중심으로 강연 프로그램이나 토크쇼 형식의 예능 프로그램이 유행하면서 과학자들의 참여도 늘어났다. 이런 프로그램에 참여하는 과학자들은 대중적 인기도가 높아지면서 잠재적으로 과학의 대중화를 이끌 상징적 존재로 자리매김을 하고 있다.

독자에 재미를, 관행에 철퇴를

교양 과학책 중에는 어떤 책들이 임계국면 또는 변곡점을 만들어냈을까 생각해봤다. 어떤 과학자의 어떤 책이 그런 역할을 했을까 하는 생각 말이다. 제일 먼저 떠오르는 책은 정재승이 쓴 『과학 콘서트』(어크로스, 2011)다. 지금도 교양과학 베스트셀러 자리를 굳게 지키고 있는 책이다. 나는 농담 반 진담 반으로 우리나라 교양 과학책의 출간이 활성화되기 위해서는 『과학 콘서트』와 칼 세이건의 『코스모스』가 사라져야 된다고 말하곤 한다. 물론 두 책을 여전히 독자들이 찾는다는 사실이 기쁘고 즐겁다. 하지만 더 많은 좋은 교양 과학책들이 이 책들의 그늘에서 허덕이는 것도 현실이니 안타까워서 하는 말이다.

『과학 콘서트』는 재미있게 잘 쓴 책이다. 하지만 여기서 머무르지 않는다. 우리나라 교양 과학책 분야에 큰 획을 그은 책이라고 하겠다. 좀 부끄러운 이야기지만 『과학 콘서트』가 나올 당시만 하더라도 교양 과학책을 쓰는 필자들 중 많은 작가들이 외국책, 특히 일본책의 내용을 마치 자신이 직접 쓴 글인 것처럼 책으로 엮어내는 경우가 많았다(일본어에 능통한 세대라는 점이 일부 작용했을 것이다). 출처를 밝히지 않은 채로 말이다.

『과학 콘서트』가 나온 지 한참이 지났을 무렵에도 외국의 한 과학 사기극에 관한 책을 소위 교양 과학책 원로 필자라는 사람들이 버젓이 자신들이 직접 쓴 책인 것처럼 출간한 것이 들통나 절필하는 사건이 있었을 정도니, 『과학 콘서트』 출간 당시의 분위기나 상황이 어땠는지는 상상이 갈 것이다. 절필했던 필자들이 슬그머니 다시 책을 내면서 복귀하는 쓸쓸한 광경을 목격하면서 슬프고 부끄럽게 절망했던 기억이 지금도 새록새록 하다.

정재승은 과학저널에 실린 논문의 내용을 바탕으로 이야기를 정리하고 이어서 쓴 글을 『과학 콘서트』로 묶었다. 정재승이 한 일은 자신이 참고한 논문의 출처를 정확하게 밝힌 것이다. 칼럼이나 에세이 같은 글에서는 일일이 참고한 자료의 출처를 밝히지는 않는다. 교양 과학책에서도 꼭 출처를 적시해야 할 필요는 없을 것이다. 하지만 정재승이 『과학 콘서트』에서 원전 논문을 참고하고 쓴 글들 뒤에 그 출처를 명기함으로써 그때까지 관행적으로 다른 나라의 책이나 자료를 마치 자신의 것인 것처럼 도용해서 쓰던 관행에 철퇴를 가했다고 할 수 있다.

『과학 콘서트』 이후에는 책을 쓸 때 참고한 자료에 대해서 명확하게 인식하고 필요한 경우 정확하게 밝히는 일은 당연한 것으로 받아들여지기 시작했다. 글의 구조적인 특성상 출처를 밝히지 않거나 밝힐 필요가 없다고 하더라도 그 사실을 숨기지는 않게 되었다. 또 한 가지 중요한 점은 필자들이 1차 자료에 접근해서 글을 쓰는 것이 당연한 필자의 의무라고 인식하는 계기가 되었다는 것이다. 기사나 다른 나라의 교양 과학책 같은 2차 자료가 아니라 논문 원전 같은 1차 자료에 접근해 탐색하는 것이 자연스러운 과정이 되는 데 정재승의 『과학 콘서트』가 한몫했다고 생각한다. 우리나라의 교양 과학책 창작계에 큰 질적 변화를 유도한 책이 바로 『과학 콘서트』라고 하겠다. 『과학 콘서트』를 대신하는 책이 지금쯤 나타났으면 좋겠다. 하지만 이 책은 교양과학 출판계에 큰 획을 그은 책으로 영원히 기억될 것이다.

변곡점을 지나는 데 기여한 책들

스토리텔링이 유행이다. 모든 것에 이야기를 붙이는 것이 당연한 일처럼 된 것도 같다. 이야기의 기원을 진화심리학적으로 따져보면 그 연원이 오래되었고 진화적 보상이 있었으니 그 잔재가 아직도 남아서 많은 사람들이 스토리텔링에 몰두하고 있는 것은 어쩌면 당연한 일이기도 하겠다.

장대익이 쓴 『다윈의 식탁』(바다출판사, 2015)은 교양 과학책 분야에 새로운 형식을 선보인, 역시 변곡점을 지나가는 데 기여한 책이다. 유명한 진화생물학자의 장례식에 모인 전 세계의 진화생물학자들과 진화심리학자들이 현장에서 즉흥적으로 의기투합해서 시리즈 방송 토론회를 벌이는 과정을 적은 일종의 팩션이다. 과학적 사실을 자신의 것으로 소화해서 팩션의 형태로 과학 이야기를 세상에 내놓은 장대익의 능력이 돋보이는 작품이다. 과학을 친절하고 쉽게 풀어서 설명하는 형식의 하나로 팩션을 선보였는데 일단 그 완성도가 상당하다.

장대익은 과학적인 내용을 완전히 소화한 상태에서 자신이 갖고 있는 스토리텔링 능력을 유감없이 발휘했던 것이다. 어쩌면 장대익이 아닌 다른 사람이 따라 할 수 없는 형식일는지도 모른다. 하지만 교양 과학책이 사실의 나열이나 어중간한 비유에 머무르는 것이 아니라 스토리의 형태를 취하면서도 과학적 깊이와 사실을 유지할 수 있다는 것을 실증한 중요한 임계국면의 사건이었다.

재미있고 긴장감 넘치는 『다윈의 식탁』을 읽다 보면 자연스럽게 진화심리학과 진화생물학의 쟁점 토론 속에 파묻혀 있는 자신을 발견할 것이다. 이 책을 읽은 어느 기자가 실제 있었던 일로 착각하고 취재에 나섰다는 일은 『다윈의 식탁』에 나타난 장대익의 글솜씨를 감안하면 놀랄 일도 아니다. 우리나라 교양 과학책의 격조를 높이는 질적 변화의 신호탄을 쏘아 올린 책이 바로 『다윈의 식탁』이다.

임계국면을 만들어낸 또 한 권의 책을 꼽으라면 김범준의 『세상 물정의 물리학』(동아시아, 2015)을 내놓겠다. 교양 과학책은 말 그대로 교양서다. 과학자들은 자신의 전공과 관계없이 자신이 좋아하는 분야나 일반인들이 높은 관심을 보이는 분야의 과학 이야기를 책으로 쓴 경우가 많다. 그도 그럴 것이 각자의 전공 분야는 그 범위도 좁을 뿐 아니라 일반인들의 보편적인 관심을 끌 만한 주제가 아닌 경우가 대부분이기 때문이다.

물론 우주론이나 뇌과학이나 진화생물학을 전공하는 과학자들은 자신의 작업을 교양 과학책으로 펴낼 기회가 상대적으로 많을 것이다. 하지만 보통 전공이라고 하는 것이 그 분야에서도 아주 분화된 주제를 다루는 경우가 많고 주로 기술적인 쟁점을 다루는 경우가 많으니 자신의 연구 주제로 교양 과학책을 쓰는 것은 참 어려운 일이다.

『세상물정의 물리학』에 실린 글들 중 상당 부분은 김범준이 직접 연구하고 논문으로 발표한 주제를 다루고 있다. 사회물리학을 하고 있는 김범준이 다루는 주제가 일상의 쟁점들이 많으니 연구 결과를 일상의 언어로 써서 교양 과학책을 만드는 것이 수월했을 수도 있다. 하지만 김범준이 다루는 주제가 여전히 일반인들이 처음 들어보는 주제와 방법론인 것은 사실이다.

내가 『세상물정의 물리학』에 주목하는 이유는 과학자가 자신이 현재 수행하고 있는 연구 주제를 직접 일반의 언어로 번역해서 내놓았다는 점이다. 사회물리학이 갖는 다소의 익숙함이 있는 것은 사실이지만 연구 현장의 사건을 일반인들이 바로 접할 수 있는 기회를 제공했다는 것은 큰 사건이라고 생각한다. 과학이라고 하면 과학적 발견이나 결과라고 하면 늘 외래적 느낌을 받았던 것이 우리 세대의 외면할 수 없는 사실이다.

우리나라의 과학자가 동시대에 직접 연구하고 있는 주제를 바로 직접 들려주는 교양 과학책이라니!『세상물정의 물리학』은 또 이렇게 우리나라 교양 과학책 분야에 큰 획을 그었다.

역사성과 동시대성 모두 잡은
교양과학의 고전

물줄기를 바꾸거나 그 이전과 이후의 상황을 질적으로 변화시켰던 책 세 권을 소개했다. 이 책들은 교양과학의 고전이 되었거나 되어가는 과정에 있는 책들이다. 고전이 되려면 여러 가지 요소를 갖춰야 하지만 그중 으뜸은 그 역사성과 동시대성이라고 하겠다. 『과학 콘서트』, 『다윈의 식탁』 그리고 『세상물정의 물리학』은 앞서 강조한 변곡점을 넘어가는 역사성을 지닌 책들이다. 한편 여전히 이 책들이 던지는 질문과 화두와 방법론이 이 시점에서도 유효하니 동시대성도 갖췄다고 하겠다.

읽을 만한 교양 과학책을 권해달라는 요청을 자주 받는다. 취향이나 여러 요소에 따라서 권하는 책은 아주 달라질 수 있을 것이다. 문학의 경우 많은 사람들이 고전으로 꼽는 책들이 있다. 그 역사가 짧은 교양 과학책 중에서도 고전으로 권할 수 있는 책들이 하나씩 쌓여가고 있다. 그 맨 앞줄에 이 세 권의 책들이 서 있다. 교양과학의 고전 운운하면서 선뜻 이 책들을 권할 수 있게 된 상황이 즐겁고 고맙다. 교양 과학책으로 들어가는 통로로 이 세 권의 책을 선택한다면 후회는 없을 것이다. 모두 그럴 만한 매력을 지닌 책들이다. 강하게 권한다.

과학자가 읽어주는 문학 (1)

『보바리의 남자 오셀로의 여자』
데이비드 바래시·나넬 바래시 지음,
박중서 옮김, 사이언스북스, 2008

『코스모스』
칼 세이건 지음, 홍승수 옮김,
사이언스북스, 2006

『빅 히스토리 1
: 세상은 어떻게 시작되었을까?』
이명현 글·정원교 그림, 와이스쿨, 2013

『종의 기원』
윤소영 지음, 사계절, 2004

『오래된 연장통』
전중환 지음, 사이언스북스, 2010

『다윈의 식탁』
장대익 지음, 바다출판사, 2015

『이야기의 기원』
브라이언 보이드 지음, 남경태 옮김,
휴머니스트, 2013

『스토리텔링 애니멀』
조너선 갓셜 지음, 노승영 옮김,
민음사, 2014

『뇌를 훔친 소설가』
석영중 지음, 예담, 2011

과학자가 읽어주는 문학 (2)

『예상 표절』
피에르 바야르 지음, 백선희 옮김,
여름언덕, 2010

『읽지 않은 책에 대해 말하는 법』
피에르 바야르 지음, 김병욱 옮김,
여름언덕, 2008

『셜록 홈즈가 틀렸다』
피에르 바야르 지음,
백선희 옮김, 여름언덕, 2010

**『누가 로저 애크로이드를
죽였는가?』**
피에르 바야르 지음, 김병욱 옮김,
여름언덕, 2009

『햄릿을 수사한다』
피에르 바야르 지음, 백선희 옮김,
여름언덕, 2011

『망친 책, 어떻게 개선할 것인가』
피에르 바야르 지음,
김병욱 옮김, 여름언덕, 2013

『과학하고 앉아 있네 3』
김상욱·원종우 지음,
동아시아, 2015

『과학하고 앉아 있네 4』
김상욱·원종우 지음,
동아시아, 2016

『멀티 유니버스』
브라이언 그린 지음, 박병철 옮김,
김영사, 2012

별을 만나러 가는 길목의 별책들

『이명현의 별 헤는 밤』
이명현 지음, 동아시아, 2014

『별보기의 즐거움』
조강욱 지음, 들메나무, 2017

『이태형의 별자리여행』
이태형 지음, 나녹, 2012

『별빛 방랑』
황인준 지음, 사이언스북스, 2015

**『천체관측 입문자를 위한
쌍안경 천체관측 가이드』**
게리 세로닉 지음, 박성래 옮김,
들메나무, 2016

**『천체사진 입문자를 위한
딥스카이 사진 촬영 가이드』**
윤철규 지음, 들메나무, 2016

사이비 과학에 대처하는 책

『왜 종교는 과학이 되려 하는가』
리처드 도킨스 외 지음,
존 브록만 엮음, 김명주 옮김,
바다출판사, 2017

『과학 이야기』
대릴 커닝엄 지음, 권예리 옮김,
이숲, 2013

『왜 사람들은 이상한 것을 믿는가』
마이클 셔머 지음, 류운 옮김,
바다출판사, 2007

칼 세이건이 한국 청년이라면

『첫숨』
배명훈 지음, 문학과지성사, 2015

『삼체』
류츠신 지음, 이현아 옮김,
고호관 감수, 단숨, 2013

『코스모스』
칼 세이건 지음, 홍승수 옮김,
사이언스북스, 2006

『칼 세이건』
윌리엄 파운드스톤 지음,
안인희 옮김, 동녘사이언스, 2007

『칼 세이건의 말』
칼 세이건 지음, 김명남 옮김,
마음산책, 2016

**『모든 사람을 위한
빅뱅 우주론 강의』**
이석영 지음, 사이언스북스,
2017

『스페이스 크로니클』
닐 디그래스 타이슨 지음,
에이비스 랭 엮음, 박병철 옮김,
부키, 2016

『과학 수다 1』
이명현·김상욱·강양구 지음,
사이언스북스, 2015

『과학 수다 2』
이명현·김상욱·강양구 지음,
사이언스북스, 2015

『과학은 그 책을 고전이라 한다』
강양구 외 지음, 사이언스북스, 2017

〈메이커스〉
동아시아 편집부 엮음

『체호프 희곡선』
안톤 파블로비치 체호프 지음,
박현섭 옮김, 을유문화사, 2012

천문학에 더 다가가고 싶다면

『천문학』
에릭 체이슨·스티브 맥밀런 지음,
김희수 외 옮김, 시그마프레스, 2016

『우주의 본질』
제프리 베넷 등 지음, 김용기 외 옮김,
시그마프레스, 2015

『우주의 측량』
안상현 지음, 동아시아, 2017

『우주, 시공간과 물질』
김항배 지음, 컬처룩, 2017

**『Instroductory Astronomy
and Astrophysics』**
Stephen A. Gregory, Michael Zeilik,
Cengage Learning: 4 edition, 1997

빅 히스토리 읽기 로드맵

『빅뱅 여행을 시작해!』
김상욱 지음, 김진혁 그림, 아이들은자
연이다, 2018

『빅 히스토리』
데이비드 크리스천·밥 베인 지음, 조지
형 옮김, 해나무, 2013

『밀크의 지구사』
해나 벨튼 지음, 강경이 옮
김, 주영하 감수, 휴머니스트,
2012

『오리진 1: 보온』
윤태호·이정모 지음, 윤태호·김진화 그
림, 위즈덤하우스, 2017

**『빅 히스토리 1:
세상은 어떻게 시작되었을까?』**
이명현 지음, 정원교 그림,
와이스쿨, 2013

변화를 이끈 국내 교양 과학책

『과학 콘서트』
정재승 지음, 어크로스, 2011

『다윈의 식탁』
장대익 지음, 바다출판사, 2015

『세상물정의 물리학』
김범준 지음, 동아시아, 2015

과학자의 책장

2019년 4월 15일 1판 1쇄 인쇄
2019년 4월 25일 1판 1쇄 발행

지은이 이정모, 이은희, 이강영, 이명현
펴낸이 한기호
편집 오효영, 도은숙, 정안나, 유태선, 김미향, 염경원
경영지원 국순근
펴낸곳 북바이북
출판등록 2009년 5월 12일 제313-2009-100호
주소 04029 서울시 마포구 서교동 484-1 삼성빌딩 A동 2층
전화 02-336-5675 팩스 02-337-5347
이메일 kpm@kpm21.co.kr
홈페이지 www.kpm21.co.kr

ISBN 979-11-85400-90-7 03400